O PID FRACIONÁRIO
UMA APLICAÇÃO PRÁTICA E REAL EM UMA
PLANTA-PILOTO DE VAZÃO INDUSTRIAL

Editora Appris Ltda.
1.ª Edição - Copyright© 2024 do autor
Direitos de Edição Reservados à Editora Appris Ltda.

Nenhuma parte desta obra poderá ser utilizada indevidamente, sem estar de acordo com a Lei nº 9.610/98. Se incorreções forem encontradas, serão de exclusiva responsabilidade de seus organizadores. Foi realizado o Depósito Legal na Fundação Biblioteca Nacional, de acordo com as Leis nºs 10.994, de 14/12/2004, e 12.192, de 14/01/2010.

Catalogação na Fonte
Elaborado por: Josefina A. S. Guedes
Bibliotecária CRB 9/870

M838p
2024
	Moreira, Walter Ernest Müller
	   O PID fracionário: uma aplicação prática e real em uma planta-piloto de vazão industrial / Walter Ernest Müller Moreira. – 1. ed. – Curitiba: Appris, 2024.
	   226 p ; 23 cm. – (Geral).
	
	   Inclui referências.
	   ISBN 978-65-250-5113-0
	
	   1. Controladores PID. 2. Controle de processo. 3. Indústria. I. Título. II. Série.
	
	                                              CDD – 629.8

Livro de acordo com a normalização técnica da ABNT

Appris editora

Editora e Livraria Appris Ltda.
Av. Manoel Ribas, 2265 – Mercês
Curitiba/PR – CEP: 80810-002
Tel. (41) 3156 - 4731
www.editoraappris.com.br

Printed in Brazil
Impresso no Brasil

Walter Ernest Müller Moreira

O PID FRACIONÁRIO
UMA APLICAÇÃO PRÁTICA E REAL EM UMA
PLANTA-PILOTO DE VAZÃO INDUSTRIAL

FICHA TÉCNICA

EDITORIAL	Augusto Coelho
	Sara C. de Andrade Coelho
COMITÊ EDITORIAL	Marli Caetano
	Andréa Barbosa Gouveia (UFPR)
	Jacques de Lima Ferreira (UP)
	Marilda Aparecida Behrens (PUCPR)
	Ana El Achkar (UNIVERSO/RJ)
	Conrado Moreira Mendes (PUC-MG)
	Eliete Correia dos Santos (UEPB)
	Fabiano Santos (UERJ/IESP)
	Francinete Fernandes de Sousa (UEPB)
	Francisco Carlos Duarte (PUCPR)
	Francisco de Assis (Fiam-Faam, SP, Brasil)
	Juliana Reichert Assunção Tonelli (UEL)
	Maria Aparecida Barbosa (USP)
	Maria Helena Zamora (PUC-Rio)
	Maria Margarida de Andrade (Umack)
	Roque Ismael da Costa Güllich (UFFS)
	Toni Reis (UFPR)
	Valdomiro de Oliveira (UFPR)
	Valério Brusamolin (IFPR)
SUPERVISOR DA PRODUÇÃO	Renata Cristina Lopes Miccelli
ASSESSORIA EDITORIAL	William Rodrigues
REVISÃO	Marcela Vidal Machado
PRODUÇÃO EDITORIAL	William Rodrigues
DIAGRAMAÇÃO	Andrezza Libel
CAPA	Carlos Pereira
REVISÃO DE PROVA	William Rodrigues

Ao meu filho Heitor, meu melhor amigo – "Amigo, estou aqui..." – e à minha amada esposa, Luciana, por todos esses anos de parceria e companheirismo.

Aos meus alunos do 3º Automação Industrial manhã e 3º Mecatrônica Integral da Escola Técnica Estadual ETEC Presidente Vargas do ano de 2023, com carinho!

AGRADECIMENTOS

Primeiramente agradeço a Deus, pela sustentação e determinação para a conclusão desta obra. Ao mestre, com carinho, professor doutor Claudio Garcia, que todos esses anos me acolheu e me orientou a esse horizonte fascinante de conhecimento na área de controle de processos industriais. Agradeço também aos meus colegas da USP, cujas companhias durante esses anos de convivência foram valiosas. À minha família: meu filho e minha esposa, a minha razão de viver, por quem eu busco evoluir e crescer em todas as esferas da vida.

*A ciência não é somente compatível com a espiritualidade;
ela é uma fonte profunda de espiritualidade.*

(Carl Sagan)

PREFÁCIO

O cálculo fracionário é um ramo da análise matemática que estuda as diferentes possibilidades de definir expoentes com números reais do operador de diferenciação D e do operador de integração I e desenvolver cálculos para tais operadores. Foi introduzido por um artigo de Niels Henrik Abel, em 1823, no qual se encontra a ideia da integração e diferenciação de ordem fracionária. Os fundamentos do cálculo fracionário foram descritos em um artigo de Joseph Liouville de 1832. O uso do cálculo fracionário aplicado a controladores PID foi primeiramente publicado por Igor Podlubny no relatório intitulado "Fractional-order systems and fractional order controllers", de 1994, publicado pelo Institute of Experimental Physics, Slovak Academy of Sciences. Uma versão mais completa desse relatório foi publicada no artigo "Fractional-order systems and $PI^l D^m$ controllers", de janeiro de 1999, na IEEE Transactions on Automatic Control. Portanto, em termos de divulgação ao mundo acadêmico em geral, pode-se considerar que esse artigo de 1999 abriu as portas para pesquisas na área de controladores PID fracionários, indicando que o assunto é relativamente novo e ainda aberto a aplicações. As pesquisas realizadas desde então têm se aplicado basicamente a problemas simulados. Neste livro, a proposta é aplicar controladores PID fracionários a uma planta de laboratório com instrumentação e sistema de controle industriais, caracterizando, assim, uma aplicação inédita desse tipo de controlador, saindo do mundo simulado e adentrando a realidade industrial.

Prof. Dr. Claudio Garcia
Escola Politécnica da Universidade de São Paulo

APRESENTAÇÃO

O controle! Eu recordo que no início dos meus estudos na área não foi algo tão amigável a ponto de me fascinar. O fato era de que não entendia o porquê de tanta matemática. E a aplicabilidade? Assim, iniciei uma busca na qual teoria e prática se encontravam. No início não foi fácil, porém, com o passar das buscas, veio o fascínio pela área de controle de processos, em que, finalmente, no meu caso, o controle foi aplicável e se abriu um horizonte de possibilidades de estudos e aprimoramentos. Acredito que este livro é um pouco da minha personalidade: a matemática é uma ferramenta essencial à prática e sem ela falta a fundamentação de um mundo de variáveis que deve ser explorado aplicando-a à prática. Esta obra foi criada com essa "personalidade", pois, quanto à aplicação de controle no "chão de fábrica" ou em processos industriais, são poucas obras que exploram o tema com ensaios em uma planta real. O livro *O PID Fracionário: uma aplicação prática e real em uma planta-piloto de vazão industrial* é um horizonte de ensaios aplicados a controle de processos, em que teoria e prática se consolidam e formam uma base na qual ambas devem estar em conjunto. Os métodos de sintonia explorados no livro mostram com facilidade as sintonias que são aplicadas para o controlador PID fracionário e a comparação inevitável entre o controlador PID clássico e o PID fracionário: há um controlador com melhor eficiência? Clássico x fracionário: qual é o melhor? Será que há o melhor? Para explorar a eficiência do melhor controlador, a planta de vazão foi operada com os modos regulatório e servo, além das válvulas com as suas diversas configurações para testar a eficiência dos controladores em questão. Assim, no livro existe um "mundo de curiosidades" de aplicações entre teoria e prática na área de controle de processos. Os curiosos vão vislumbrar o conhecimento na área de controle no ambiente industrial.

LISTA DE ABREVIATURAS E SIGLAS

CC	Corrente Contínua
CLP	Controlador Lógico Programável
CPU	Unidade Central de Processamento
DC	Corrente Contínua (*Direct Current*)
EP	Eletropneumático
e_{ss}	Erro médio em Estado Estacionário (*Steady-State Error*)
FF	Foundation Fieldbus
FIR	Finite Impulse Response
FOPDT	First Order Plus Dead Time
FOPID	Fractional Order Proportional Integral Derivative
FOPI	Fractional Order Proportional Integral
FOTF	Fractional Order Transfer Function
GBN	Generalized Binary Noise
GEP	Válvula com gaxetas de grafite (alto atrito) com posicionador eletropneumático
IGBT	Transistor Bipolar de Porta Isolada (*Insulated Gate Bipolar Transistor*)
IHM	Interface Homem-Máquina
IMC	Controle de Modelo Interno
IIR	Infinite Impulse Response
I/O	Entrada / Saída (*Input / Output*)
IOPID	Integer Order Proportional Integral Derivative
I/P	Corrente para pressão
ISE	Integrated Squared Error
ITAE	Integral time absolute error

K_C	Ganho proporcional
K_D	Ganho derivativo
K_I	Ganho integral
KLT	Ganho, tempo morto e constante de tempo
LCPI	Laboratório de Controle de Processos Industriais
LED	Light Emitting Diode
LTI	Sistema Linear Invariante no Tempo
LVDT	Linear Variable Differential Transformer
MV	Variável Manipulada (*Manipulated Variable*)
NRMSE	Normalized root mean squared error
OE	Output Error
OPC	Open Platform Communication (antigo: OLE *for Process Control*)
P&ID	Piping and Instrumentation Diagram
PI	Proporcional Integral
PID	Proporcional Integral Derivativo
PLC	Programmable Logic Controller
PRBS	Pseudo Random Binary Sequence
PV	Variável do Processo (*Process Variable*)
PWM	Modulação por largura de pulso (*Pulse Width Modulation*)
SDCD	Sistema Digital de Controle Distribuído
SISO	Single Input Single Output
SP	Set-point
T	...vula com gaxetas de teflon (baixo atrito) com posicionador eletropneumático
T_I	Tempo Integral
T_D	Tempo Derivativo

PM   Phase Margin

W_{gc} Frequency gain cutoff

W_{pc} Frequency phase cutoff

GM   Gain Margin

dB   Ganho do sistema ou a relação de um nível de potência em escala logarítmica

LISTA DE SÍMBOLOS

Λ   Parte fracionária integral
μ   Parte fracionária derivativa
L   Tempo morto da planta
T   Constante de tempo da planta ou tempo dominante da planta
τ Tempo morto
ω Frequência em rad/s
ω_{cg} Frequência de corte
φ_m Margem de fase
ω_h Altas frequências
H   Rejeição as altas frequências ou ruídos em malha fechada
N   Rejeição a perturbação em malha fechada
$\dot{m}_i$ Representa a vazão mássica
Q_i Vazão volumétrica
S_i Seção transversal
v_i Velocidade média do fluido
ΔP Diferença de pressão

LISTA DE ILUSTRAÇÕES

Figura 1 – Planta-piloto de vazão no Process Book do PI System   4

Figura 2 – Caixa d'água de 1.000 litros da Amanco   6

Figura 3 – Conjunto motobomba KSB e WEG   6

Figura 4 – Inversor de frequência da Siemens modelo SINAMICS G110   7

Figura 5 – Compressor da Schulz   8

Figura 6 – Medidor de vazão mássico Coriolis   9

Figura 7 – Placa de orifício   9

Figura 8 – Placa de orifício entre os flanges com tomadas de pressão   10

Figura 9 – Transmissores de vazão da placa de orifício   10

Figura 10 – Conversor I/P   11

Figura 11 – Posicionador eletropneumático da Fisher 358i   11

Figura 12 – Posicionador digital do LCPI   12

Figura 13 – Sensor de posição LVDT   13

Figura 14 – Condicionadores de sinais LVC 2500   13

Figura 15 – Transmissores de pressão S-10 Wika   14

Figura 16 – Tomadas de pressão antes e após a válvula   14

Figura 17 – Válvula solenoide utilizada no LCPI   15

Figura 18 – Tubulação da planta-piloto de vazão do LCPI   16

Figura 19 – SDCD da ABB modelo 800xA   17

Figura 20 – CLP da Rockwell modelo SLC 500   18

Figura 21 – Placa NI PCI 6229   19

Figura 22 – Bloco de conexões da placa com cabo serial   19

Figura 23 – Interação dos controladores IOPID e FOPID no plano $PI\lambda D\mu$ 24

Figura 24 – Diagrama de blocos do controlador FOPID 24

Figura 25 – Região de estabilidade de ordem fracionária 25

Figura 26 – Efeitos da ação integral fracionária com sinal constante (a) e sinal quadrado (b) 27

Figura 27 – Efeitos da ação derivativa fracionária com sinal trapezoidal 28

Figura 29 – Resposta em malha fechada do controlador PI (a) (KP = 1, TI variando e l = 1) e fracionário (KP = 1, TI = 2 e l variando) (b) 29

Figura 29 – Figura – Controlador PD clássico em malha fechada (a) (KP = 1, TD variando e μ = 1) e controlador PD fracionário (b) (KP = 1, TD = 2 e μ variando) 30

Figura 30 – Toolbox FOMCON do Matlab 34

Figura 31 – Módulos da FOMCON 35

Figura 32 – Blocos FOMCON do Simulink 37

Figura 33 – Bloco do $PI^\lambda D^\mu$ interno no Simulink 37

Figura 34 – Estrutura do controlador TID 38

Figura 35 – Testes na planta-piloto de vazão com FOPID e filtro de Butterworth 41

Figura 36 – Configuração dos parâmetros do FOPID (a) e do filtro de Butterworth (b) 42

Figura 37 – FOPID com filtros de Butterworth de 1ª, 2ª e 3ª ordem e sem filtro 43

Figura 38 – Desempenho dos filtros de Butterworth com FOPID para erro e MV 44

Figura 39 – Válvula com gaxetas de teflon com abertura de 5V ±5% eletropneumático 52

Figura 40 – Válvula com gaxetas de teflon com abertura de 5V ±10% eletropneumático 52

Figura 41 – Válvula com gaxetas de grafite com abertura de 5V ±5% eletropneumático 53

Figura 42 – Válvula com gaxetas de grafite com abertura de 10±1% eletropneumático 53

Figura 43 – Válvula com gaxetas de grafite sem filtro de Butterworth eletropneumático 54

Figura 44 – Válvula com gaxetas de grafite com filtro de Butterworth eletropneumático 54

Figura 45 – Simulação no Simulink do modelo teflon EP 56

Figura 46 – Resultado da simulação no Simulink do modelo teflon EP 57

Figura 47 – Simulação no Simulink do modelo grafite EP 57

Figura 48 – Resultado da simulação no Simulink do modelo grafite EP 58

Figura 49 – Teflon eletropneumático com variação de 5V ±0,5V ou ±5% de fechamento da válvula 59

Figura 50 – Teflon eletropneumático com variação de 5V ±1,0 V ou ±10% de fechamento da válvula 60

Figura 51 – Grafite eletropneumático com variação de 5V ±0,5V ou ±5% de fechamento da válvula 60

Figura 52 – Grafite eletropneumático com variação de 5V ±1,0 V ou ±10% de fechamento da válvula 61

Figura 53 – Válvula com gaxetas de teflon com abertura de 5V ±5% FF 67

Figura 54 – Válvula com gaxetas de teflon com abertura de 5V ±10% FF ... 67

Figura 55 – Válvula com gaxetas de grafite com abertura de 5V ±5% FF 68

Figura 56 – Válvula com gaxetas de grafite com abertura de 5V ±10% FF .. 68

Figura 57 – Resultado da simulação no Simulink do modelo teflon FF 69

Figura 58 – Resultado da simulação no Simulink do modelo grafite FF 70

Figura 59 – Teflon FF com variação de 5V ±0,5 V ou ±5% de fechamento da válvula 70

Figura 60 – Teflon FF com variação de 5V ±1,0 V ou ±10% de fechamento da válvula 71

Figura 61 – Grafite FF com variação de 5V ±0,5 V ou ±5% de fechamento da válvula   71

Figura 62 – Grafite FF com variação de 5V ±1,0 V ou ±10% de fechamento da válvula   72

Figura 63 – Válvula com gaxetas de teflon com abertura de 5V ±5% I/P   73

Figura 64 – Válvula com gaxetas de teflon com abertura de 5V ±5% I/P   74

Figura 65 – Válvula com gaxetas de teflon com abertura de 3,0V ±30% I/P   77

Figura 66 – Válvula com gaxetas de teflon com abertura de 3,5V +35% I/P   77

Figura 67 – Válvula com gaxetas de grafite com abertura de 3,0V ±3,0% I/P   78

Figura 68 – Válvula com gaxetas de grafite com abertura de 3,5V +35% I/P   78

Figura 69 – Resultado da simulação no Simulink do modelo teflon I/P   79

Figura 70 – Resultado da simulação no Simulink do modelo grafite I/P   80

Figura 71 – Teflon com variação de 3V ±3,0 V ou ±30% de fechamento da válvula   80

Figura 72 – Teflon com variação de 3.5V +3,5 V ou 35% de fechamento da válvula   81

Figura 73 – Grafite com variação de 3V ±3,0 V ou ±30% de fechamento da válvula   81

Figura 74 – Grafite com variação de 3.5V +3,5 V ou 35% de fechamento da válvula   82

Figura 75 – Ambiente de ensaios nos modos servo e regulatório para TEP e GEP   86

Figura 76 – Ensaio TEP/FOPI/Modo Servo/Erro/MV/PV   87

Figura 77 – Ensaio GEP/FOPI/Modo Servo/Erro/MV/PV   88

Figura 78 – Ensaio TEP/FOPI/Modo Regulatório/Erros/MV/PV   89

Figura 79 – Ensaio GEP/FOPI/Modo Regulatório/Erros/Variabilidade   90

Figura 80 – Trecho da dinâmica TFF/Modo Servo   92

Figura 81 – Trecho da dinâmica GFF/Modo Servo   93

Figura 82 – Trecho da dinâmica TFF/Modo Regulatório 94

Figura 83 – Trecho da dinâmica GFF/Modo Regulatório 95

Figura 84 – Ensaio TIP/FOPI/Modo Servo/Erro/MV/PV 96

Figura 85 – Ensaio GIP/FOPI/Modo Servo/Erro/MV/PV 97

Figura 86 – Ensaio TIP/FOPI/Modo Regulatório/Erro/MV/PV 98

Figura 87 – Trecho da dinâmica GIP/Modo Regulatório 99

Figura 88 – Auto-tune FPID Optimization Tool da FOMCON Matlab 91

Figura 89 – Desempenho da válvula com gaxetas de grafite com posicionador eletropneumático modo servo Nelder Mead/ITSE 107

Figura 90 – Desempenho da válvula com gaxetas de grafite com posicionador eletropneumático modo regulatório Nelder Mead/ITSE 108

Figura 91 – Desempenho da válvula com gaxetas de teflon com posicionador eletropneumático modo servo Nelder Mead/ITSE 109

Figura 92 – Desempenho da válvula de gaxeta de teflon com posicionador eletropneumático modo regulatório Nelder Mead/ITSE 110

Figura 93 – Desempenho da válvula com gaxetas de grafite com posicionador FF modo servo Nelder Mead/ITSE 112

Figura 94 – Desempenho da válvula com gaxetas de grafite com posicionador FF modo regulatório Nelder Mead/ITSE 112

Figura 95 – Desempenho da válvula de gaxeta de teflon com posicionador FF modo servo Nelder Mead/ITSE 114

Figura 96 – Desempenho da válvula de gaxeta de teflon com posicionador FF modo regulatório Nelder Mead/ITSE 114

Figura 97 – Desempenho da válvula com gaxetas de grafite com conversor I/P modo servo Nelder Mead/ITSE 116

Figura 98 – Desempenho da válvula com gaxetas de grafite com conversor I/P modo regulatório Nelder Mead/ITSE 116

Figura 99 – Desempenho da válvula com gaxetas de teflon com conversor I/P modo servo Nelder Mead/ITSE 119

Figura 100 – Desempenho da válvula com gaxetas de teflon com conversor I/P modo regulatório Nelder Mead/ITSE 119

Figura 101 – Diagrama de Bode em malha aberta de um FOPDT 121

Figura 102 – Obtenção dos valores para ωgc, ωpc, GM, PM e Frame pelo diagrama de Bode 122

Figura 103 – Intersecção das curvas de K_p (vermelho) e K_i (azul) para encontrar λ 125

Figura 104 – Aplicação do método analítico de Senol e Demiroglu para encontrar o valor de λ ≅ 0,96 126

Figura 105 – Diagrama de Bode da válvula com gaxetas de grafite com conversor I/P – GIP 127

Figura 106 – Diagrama de Bode da válvula com gaxetas de teflon com conversor I/P – TIP 127

Figura 107 – Diagrama de Bode da válvula com gaxetas de grafite com posicionador eletropneumático – GEP 128

Figura 108 – Diagrama de Bode da válvula com gaxetas de teflon com posicionador eletropneumático – TEP 129

Figura 109 – Diagrama de Bode da válvula com gaxetas de grafite com posicionador FF – GFF 130

Figura 110 – Diagrama de bode da válvula de gaxeta de teflon com posicionador FF – TFF 130

Figura 111 – Sintonia de λ para válvula com gaxetas de grafite com conversor I/P – Kp x Ki 133

Figura 112 – Sintonia de λ para válvula com gaxetas de teflon com conversor I/P – Kp x Ki 133

Figura 113 – Sintonia de λ para válvula com gaxetas de grafite com posicionador eletropneumático – Kp x Ki 134

Figura 114 – Sintonia de λ para válvula com gaxetas de teflon com posicionador eletropneumático – Kp x Ki 135

Figura 115 – Sintonia de λ para válvula com gaxetas de grafite com posicionador FF – Kp x Ki ˉ5

Figura 116 – Sintonia de λ para válvula com gaxetas de teflon com posicionador FF – Kp x Ki 136

Figura 117 – Desempenho da válvula com gaxetas de grafite com posicionador eletropneumático no modo servo – Senol e Demiroglu 138

Figura 118 – Desempenho da válvula com gaxetas de grafite com posicionador eletropneumático no modo regulatório – Senol e Demiroglu 138

Figura 119 – Desempenho da válvula com gaxetas de teflon com posicionador eletropneumático no modo servo – Senol e Demiroglu 140

Figura 120 – Desempenho da válvula com gaxetas de teflon com posicionador eletropneumático no modo regulatório – Senol e Demiroglu 140

Figura 121 – Desempenho da válvula com gaxetas de grafite com posicionador FF no modo servo – Senol e Demiroglu 142

Figura 122 – Desempenho da válvula com gaxetas de grafite com posicionador FF no modo regulatório – Senol e Demiroglu 142

Figura 123 – Desempenho da válvula com gaxetas de teflon com posicionador FF no modo servo – Senol e Demiroglu 144

Figura 124 – Desempenho da válvula com gaxetas de teflon com posicionador FF no modo regulatório – Senol e Demiroglu 144

Figura 125 – Desempenho da válvula com gaxetas de grafite com conversor I/P no modo servo – Senol e Demiroglu 146

Figura 126 – Desempenho da válvula com gaxetas de grafite com conversor I/P no modo regulatório – Senol e Demiroglu 146

Figura 127 – Desempenho da válvula com gaxetas de grafite com conversor I/P no modo servo – Senol e Demiroglu 148

Figura 128 – Desempenho da válvula com gaxetas de teflon com conversor I/P no modo regulatório – Senol e Demiroglu 148

Figura 129 – Desempenho da válvula com gaxetas de grafite com posicionador EP com os métodos de regras de ajuste, auto-tune/otimização e analítico – modo servo 152

Figura 130 – Desempenho da válvula com gaxetas de grafite com posicionador EP com os métodos de regras de ajuste, auto-tune/otimização e analítico – modo regulatório   153

Figura 131 – Desempenho da válvula com gaxetas de teflon com posicionador EP com os métodos de regras de ajuste, auto-tune/otimização e analítico – modo servo   153

Figura 132 – Desempenho da válvula com gaxetas de teflon com posicionador EP com os métodos de regras de ajuste, auto-tune/otimização e analítico – modo regulatório   154

Figura 133 – Desempenho da válvula com gaxetas de grafite com posicionador FF com os métodos de regras de ajuste, auto-tune/otimização e analítico – modo servo   156

Figura 134 – Desempenho da válvula com gaxetas de grafite com posicionador FF com os métodos de regras de ajuste, auto-tune/otimização e analítico – modo regulatório   157

Figura 135 – Desempenho da válvula com gaxetas de teflon com posicionador FF com os métodos de regras de ajuste, auto-tune/otimização e analítico – modo servo   157

Figura 136 – Desempenho da válvula com gaxetas de teflon com posicionador FF com os métodos de regras de ajuste, auto-tune/otimização e analítico – modo regulatório   158

Figura 137 – Desempenho da válvula com gaxetas de grafite com conversor I/P com os métodos de regras de ajuste, auto-tune/ otimização e analítico – modo servo   161

Figura 138 – Desempenho da válvula com gaxetas de grafite com conversor I/P com os métodos de regras de ajuste, auto-tune/otimização e analítico – modo regulatório   161

Figura 139 – Desempenho da válvula com gaxetas de teflon com conversor I/P com os métodos de regras de ajuste, auto-tune/otimização e analítico – modo servo   162

Figura 140 – Desempenho da válvula com gaxetas de teflon com conversor I/P com os métodos de regras de ajuste, auto-tune/otimização e analítico – modo regulatório   163

LISTA DE TABELAS

Tabela 1 – Descrição das válvulas solenoides   15

Tabela 2 – Singularidades da planta-piloto de vazão do LCPI   16

Tabela 3 – Similaridades e diferenças entre IOPID e FOPID   26

Tabela 4 – Interface Simulink e NI   40

Tabela 5 – Degrau de ± 0,5 V na válvula com gaxetas de teflon eletropneumático   47

Tabela 6 – Degrau de ±1 V na válvula com gaxetas de teflon eletropneumático   48

Tabela 7 – Média dos valores com degraus de ±1 V e ±0,5 V na válvula com gaxetas de teflon eletropneumático   49

Tabela 8 – Degrau de ±0,5 V na válvula com gaxetas de grafite eletropneumático   49

Tabela 9 – Degrau de ±1V na válvula com gaxetas de grafite eletropneumático   50

Tabela 10 – Média dos valores com degraus de ±1 V e ±0,5 V na válvula com gaxetas de grafite eletropneumático   51

Tabela 11 – Resultados do índice FIT – goodnessOfFit/Compare eletropneumático   61

Tabela 12 – Degrau de ± 0,5 V na válvula com gaxetas de teflon FF   62

Tabela 13 – Degrau de ±1V na válvula com gaxetas de teflon FF   63

Tabela 14 – Média dos valores com degraus de ±1 V e ±0,5 V na válvula com gaxetas de teflon FF   64

Tabela 15 – Degrau de ± 0,5 V na válvula com gaxetas de grafite FF   64

Tabela 16 – Degrau de ±1 V na válvula com gaxetas de grafite FF   65

Tabela 17 – Média dos valores com degraus de ±1 V e ±0,5 V na válvula com gaxetas de grafite FF   66

Tabela 18 – Resultados do índice FIT – goodnessOfFit/Compare FF — 72

Tabela 19 – Degrau de ±3V na válvula com gaxetas de teflon I/P — 74

Tabela 20 – Degrau de +3,5V na válvula com gaxetas de teflon I/P — 75

Tabela 21 – Média dos valores com degraus de ±3,0V e +3,5 V na válvula com gaxetas de teflon I/P — 75

Tabela 22 – Degrau de ±3V na válvula com gaxetas de grafite I/P — 75

Tabela 23 – Degrau de +3,5V na válvula com gaxetas de grafite I/P — 76

Tabela 24 – Média dos valores com degraus de ±3,0V e +3,5 V na válvula com gaxetas de grafite I/P — 76

Tabela 25 – Resultados do índice FIT – goodnessOfFit/Compare I/P — 82

Tabela 26 – Resultados do método de Bhaskaran para teflon eletropneumático — 85

Tabela 27 – Resultados do método de Bhaskaran para grafite eletropneumático — 85

Tabela 28 – Ensaio TEP/FOPI/Modo Servo/Erros/Variabilidade — 87

Tabela 29 – Ensaio GEP/FOPI/Modo Servo/Erros/Variabilidade — 89

Tabela 30 – Ensaio TEP/FOPI/Modo Regulatório/Erros/Variabilidade — 89

Tabela 31 – Ensaio GEP/FOPI/Modo Regulatório/Erros/Variabilidade — 90

Tabela 32 – Resultados do método de Bhaskaran para teflon FF — 91

Tabela 33 – Resultados do método de Bhaskaran para grafite FF — 91

Tabela 34 – Ensaio TFF/FOPI/Modo Servo/Erros/Variabilidade — 91

Tabela 35 – Ensaio GFF/FOPI/Modo Servo/Erros/Variabilidade — 92

Tabela 36 – Ensaio TFF/FOPI/Modo Regulatório/Erros/Variabilidade — 93

Tabela 37 – Ensaio GFF/FOPI/Modo Regulatório/Erros/Variabilidade — 94

Tabela 38 – Resultados do método de Bhaskaran para teflon I/P — 95

Tabela 39 – Resultados do método de Bhaskaran para grafite I/P — 96

Tabela 40 – Ensaio TIP/FOPI/Modo Servo/Erros/Variabilidade — 96

Tabela 41 – Ensaio GIP/FOPI/Modo Servo/Erros/Variabilidade   97

Tabela 42 – Ensaio TIP/FOPI/Modo Regulatório/Erros/Variabilidade   98

Tabela 43 – Ensaio GIP/FOPI/Modo Regulatório/Erros/Variabilidade   99

Tabela 44 – Comparativo de desempenho entre os controladores FOPI x IOPI – Método de Bhaskaran   100

Tabela 45 – Método de otimização – Nelder-Mead – GIP – ISE/IAE/ITAE/ITSE   103

Tabela 46 – Método de otimização – Interior-Point – GIP – ISE/IAE/ITAE/ITSE   103

Tabela 47 – Método de otimização – SQP – GIP – ISE/IAE/ITAE/ITSE   103

Tabela 48 – Método de otimização – Active-Set – GIP – ISE/IAE/ITAE/ITSE   103

Tabela 49 – Ensaio GIP/ Modo Servo/ Otimização Active Set/ Erros   104

Tabela 50 – Ensaio GIP/ Modo Servo/ Otimização Interior Point/ Erros   104

Tabela 51 – Ensaio GIP/ Modo Servo/ Otimização Nelder Mead/ Erros   05

Tabela 52 – Ensaio GIP/ Modo Servo/ Otimização SQP/ Erros   105

Tabela 53 – Sintonia dos parâmetros de do controlador FOPI com a toolbox FOMCON   106

Tabela 54 – Índices de desempenho da válvula com gaxetas de grafite com posicionador eletropneumático modo servo Nelder Mead/ITSE   ´7

Tabela 55 – Índices de desempenho da válvula com gaxetas de grafite com posicionador eletropneumático modo servo Nelder Mead/ITSE   107

Tabela 56 – Índices de desempenho da válvula com gaxetas de teflon com posicionador eletropneumático modo servo Nelder Mead/ITSE   108

Tabela 57 – Índices de desempenho da válvula com gaxetas de teflon com posicionador eletropneumático modo servo Nelder Mead/ITSE   109

Tabela 58 – Índices de desempenho da válvula com gaxetas de grafite com posicionador FF modo servo Nelder Mead/ITSE   111

Tabela 59 – Índices de desempenho da válvula com gaxetas de grafite com posicionador FF modo regulatório Nelder Mead/ITSE 111

Tabela 60 – Desempenho da válvula com gaxetas de teflon com posicionador FF modo servo Nelder Mead/ITSE 113

Tabela 61 – Desempenho da válvula com gaxetas de teflon com posicionador FF modo regulatório Nelder Mead/ITSE 113

Tabela 62 – Índices de desempenho da válvula com gaxetas de grafite com conversor I/P modo servo Nelder Mead/ITSE 115

Tabela 63 – Índices de desempenho da válvula com gaxetas de grafite com conversor I/P modo regulatório Nelder Mead/ITSE 115

Tabela 64 – Índices de desempenho da válvula com gaxetas de teflon com conversor I/P modo servo Nelder Mead/ITSE 118

Tabela 65 – Índices de desempenho da válvula com gaxetas de teflon com conversor I/P modo regulatório Nelder Mead/ITSE 118

Tabela 66 – Comparativo de desempenho entre os controladores FOPI x IOPI – Nelder Mead/ITSE 120

Tabela 67 – Diagrama de Bode das válvulas com gaxetas de grafite/teflon – IP/EP/FF para PM/ ωpc/ ωgc 131

Tabela 68 – Sintonia do controlador FOPI pelo método de Senol e Demiroglu 132

Tabela 69 – Desempenho da válvula com gaxetas de grafite com posicionador eletropneumático no modo servo – Senol e Demiroglu 137

Tabela 70 – Desempenho da válvula com gaxetas de grafite com posicionador eletropneumático no modo regulatório – Senol e Demiroglu 137

Tabela 71 – Desempenho da válvula com gaxetas de teflon com posicionador eletropneumático no modo servo – Senol e Demiroglu 139

Tabela 72 – Desempenho da válvula com gaxetas de teflon com posicionador eletropneumático no modo regulatório – Senol e Demiroglu 139

Tabela 73 – Desempenho da válvula com gaxetas de grafite com posicionador FF no modo servo – Senol e Demiroglu 141

Tabela 74 – Desempenho da válvula com gaxetas de grafite com posicionador
FF no modo regulatório – Senol e Demiroglu   141

Tabela 75 – Desempenho da válvula com gaxetas de teflon com posicionador FF
no modo servo – Senol e Demiroglu   143

Tabela 76 – Desempenho da válvula com gaxetas de teflon com posicionador FF
no modo regulatório – Senol e Demiroglu   143

Tabela 77 – Desempenho da válvula com gaxetas de grafite com conversor I/P
no modo servo – Senol e Demiroglu   145

Tabela 78 – Desempenho da válvula com gaxetas de grafite com conversor I/P
no modo regulatório – Senol e Demiroglu   145

Tabela 79 – Desempenho da válvula com gaxetas de teflon com conversor I/P
no modo servo – Senol e Demiroglu   147

Tabela 80 – Desempenho da válvula com gaxetas de teflon com conversor I/P
no modo regulatório – Senol e Demiroglu   147

Tabela 81 – Comparativo de desempenho entre os controladores FOPI x IOPI –
Senol e Demiroglu   149

Tabela 82 – Desempenho da válvula com gaxetas de grafite com posicionador
EP com os métodos de regras de ajuste, auto-tune/otimização e analítico –
modos servo e regulatório   151

Tabela 83 – Desempenho da válvula com gaxetas de teflon com posicionador
EP com os métodos de regras de ajuste, auto-tune/otimização e analítico –
modos servo e regulatório   151

Tabela 84 – Desempenho da válvula com gaxetas de grafite com posicionador
FF com os métodos de regras de ajuste, auto-tune/otimização e analítico –
modos servo e regulatório   155

Tabela 85 – Desempenho da válvula com gaxetas de teflon com posicionador FF
com os métodos de regras de ajuste, auto-tune/otimização e analítico – modos
servo e regulatório   155

Tabela 86 – Desempenho da válvula com gaxetas de grafite com conversor I/P
com os métodos de regras de ajuste, auto-tune/ otimização e analítico – modos
servo e   160

Tabela 87 – Desempenho da válvula com gaxetas de teflon com conversor I/P com os métodos de regras de ajuste, auto-tune e analítico – modos servo e regulatório   160

Tabela 88 – Comparação entre os métodos de sintonia regras de ajuste – Bhaskaran, auto-tune/otimização – FOMCON e analítico – Senol e Demiroglu   164

SUMÁRIO

1
INTRODUÇÃO 39
1.1 MOTIVAÇÃO 39
1.2 OBJETIVOS 40
1.3 ESTRUTURA DOS CAPÍTULOS DO LIVRO 41

2
PLANTA-PILOTO DE VAZÃO 43
2.1 CAIXA D'ÁGUA DE 1.000 LITROS 45
2.2 BOMBA DE ÁGUA KSB E MOTOR WEG 46
2.3 INVERSOR DE FREQUÊNCIA SIEMENS SINAMICS G110 (FY17) 47
2.4 SENSOR DE VELOCIDADE ANGULAR – ENCODER 47
2.5 COMPRESSOR DE AR BRAVO CSL 10 DA SCHULZ 47
2.6 MEDIDORES DE VAZÃO DA PLANTA 48
2.6.1 Medidor de vazão mássica Coriolis da Endress+ Hauser 48
2.6.2 Medidor de vazão por pressão diferencial 49
2.7 VÁLVULAS DE CONTROLE DA FISHER/EMERSON (FV11 E FV12) 50
2.7.1 Conversores I/P da Emerson 846 (FY11 e FY12) 50
2.7.2 Posicionadores eletropneumáticos 352i Fisher (ZC11E e ZC12E) 51
2.7.3 Posicionadores digitais DVC 6000 da Fisher (ZT-11D e ZT-12D) 51
2.7.4 Sensores de posição LVDT (ZT-11A e ZT-12A) 52
2.7.5 Transmissores de pressão S-10 da Wika (PT-11 e PT-12) 53
2.7.6 Transmissores de pressão diferencial da Yokogawa das válvulas de controle (PdIT-15 e PdIT-15B) 54
2.8 VÁLVULA DE PERTURBAÇÃO GLS DA VALTEK (FV-13) 54
2.9 VÁLVULA SOLENOIDES 8210-100 DA ASCOVAL (FV14, FV15, FV16) 54
2.10 TUBULAÇÕES 55
2.11 SISTEMAS DE CONTROLE E DE AQUISIÇÃO DE DADOS 56
2.11.1 Sistema digital de controle distribuído (SDCD) da ABB modelo 800xA 56
2.11.2 CLP da ROCKWELL modelo SLC500 57
2.11.3 Placa de aquisição de dados da NI PCI6229 58
2.11.4 MATLAB 59

3
PID FRACIONÁRIO (FOPID) 61
3.1 CÁLCULO FRACIONÁRIO 61
3.2 TRANSFORMADA DE LAPLACE 63
3.3 CONTROLADOR DE ORDEM FRACIONÁRIA 64
3.3.1 Análise de estabilidade de sistemas de ordem fracionária 65
3.3.1.1 Teorema de estabilidade de Matignon 66
3.3.2 Efeitos das ações do controlador fracionário 66
3.3.3 Métodos de sintonia para o controlador fracionário 71
3.3.4 Aproximação de operadores fracionários 74
3.3.5 Discretização 75
3.3.6 Toolbox FOMCON do Matlab 76
3.3.7 Testes preliminares do controlador FOPID 81
3.3.7.1 Filtro de Butterworth 81
3.3.7.2 Ensaios com filtro de Butterworth e FOPID 82

4
ENSAIOS NA PLANTA-PILOTO DE VAZÃO PARA OBTER MODELOS APROXIMADOS 89
4.1 MÉTODOS APROXIMADOS PARA EXTRAIR MODELOS DE PLANTAS INDUSTRIAIS 89
4.1.1 Testes na planta-piloto de vazão com posicionador eletropneumático para obter o FOPDT 90
4.1.2 Validação dos modelos aproximados FOPDT da planta de vazão com posicionador eletropneumático 101
4.1.3 Testes na planta-piloto de vazão com posicionador digital (Foundation Fieldbus) para obter o FOPDT 107
4.1.4 Validação dos modelos aproximados FOPDT da planta de vazão com posicionador FF 115
4.1.5 Testes na planta-piloto de vazão com conversor corrente-pressão (I/P) para obter o FOPDT 119
4.1.6 Validação dos modelos aproximados FOPDT da planta de vazão com conversor I/P 125

5
ENSAIOS DA PLANTA-PILOTO DE VAZÃO COM CONTROLADOR FOPI ... 129

5.1 MÉTODO DE OTIMIZAÇÃO COM ALGORITMO F-MIGO E REGRAS DE AJUSTE ... 129

5.2 MÉTODO DE OTIMIZAÇÃO COM ALGORITMOS E ÍNDICES DE ERROS PARA AUTO-TUNING COM TOOLBOX FOMCON ... 147

5.3 MÉTODO ANALÍTICO DE SINTONIA DO CONTROLADOR FOPI DE SENOL E DEMIROGLU ... 167

5.4 COMPARATIVO DOS MÉTODOS DE SINTONIA PARA O CONTROLADOR FOPI (REGRAS DE AJUSTE – BHASKARAN, AUTO-TUNE/ALGORITMO DE OTIMIZAÇÃO – FOMCON E ANALÍTICO SENOL E DEMIROGLU) ... 194

6
CONCLUSÕES ... 213

REFERÊNCIAS ... 215

APÊNDICE A
DIAGRAMA P&ID DA PLANTA-PILOTO DE VAZÃO ... 219

ANEXO A
CÁLCULO DOS ÍNDICES DE DESEMPENHO ... 221

ANEXO B
CÁLCULO PARA O MÉTODO ANALÍTICO DE SENOL E DEMIROGLU PARA CONTROLADORES FOPI ... 223

INTRODUÇÃO

1.1 MOTIVAÇÃO

A área de controle de processos está diretamente relacionada com a instrumentação industrial e é voltada para o controle das variáveis de processos. Um controlador extremamente usado na indústria é o Proporcional Integral Derivativo (PID). Estima-se que 97% dos controladores na indústria são desse tipo e a maioria não tem a parte derivativa (PI) (FRANCHI, 2011). Essa aceitação do controlador PID no âmbito industrial se deve a alguns atributos: é uma técnica que não requer um profundo conhecimento da planta, não há necessidade de um modelo matemático, é um algoritmo de controle universal, robusto, versátil e quando as condições de processo se alteram, a ressintonia gera um controle satisfatório (GARCIA, 2017). Em Poldlubny (1999) foi proposto o controle de processos modelado por funções de transferência de ordem fracionária e inteira, usando um controlador PID de ordem fracionária (FOPID), o qual foi reportado em diversos artigos. O FOPID, comumente referido como $PI^\lambda D^\mu$, é uma extensão do controlador PID de ordem inteira (IOPID) e usa as ações integral e derivativa fracionárias, ou seja, pode assumir valores não inteiros. Esses controladores podem ser aproximados por sistemas de elevada ordem, permitindo que sejam considerados controladores de ordem compacta e poucos parâmetros (GRANDI, 2018), e em projetos de controladores robustos, usa controladores de elevada ordem (SKOGESTAD; POSTLETHWAITE, 1996). Um ponto a ser observado é que em todos os artigos pesquisados não foram encontradas aplicações em que controladores fracionários fossem utilizados em plantas-piloto industriais com condições e situações reais de processos industriais, mas, sim, simulações e kits didáticos que simulam algumas condições de plantas reais, e não na sua totalidade de situações, como já supracitado.

Em Bhambhani e Chen (2008) é usado um controlador FOPI para controlar o nível de um tanque de água, porém é uma planta não industrial; em Calderón *et al.* (2006), simula-se uma planta industrial modelada por um sistema de primeira ordem com tempo morto; Bagis e Senberber,

2017) usam um modelo matemático de uma planta industrial para realizar testes e simulações e os próprios desenvolvedores da toolbox FOMCON para controladores FOPID do Matlab (TEPLJAKOV *et al.*, 2013) usam uma bancada de testes para o controlador FOPID, ou seja, os sistemas testados com controlador FOPID não foram testados em uma planta industrial. É preciso implementar e verificar o comportamento dos controladores FOPID em plantas industrias reais, por exemplo, a planta-piloto de vazão do Laboratório de Controle de Processos Industriais (LCPI), e, além disso, comparar o desempenho do FOPID e IOPID, lembrando que: os efeitos das perturbações externas devem ser minimizados, deve haver uma resposta transitória rápida e suave a mudanças dos valores desejados, os transitórios devem ser rápidos e com pequenas oscilações, erro de regime permanente nulo e robustez a mudanças nas condições do processo (GARCIA, 2017).

1.2 OBJETIVOS

O desenvolvimento desta obra envolve implementações pioneiras no campo da ação industrial e de processos, pois, apesar de ser um assunto explorado há mais de 20 anos, o FOPID ainda se mostra um grande campo de pesquisa e aplicações. Foi observado que há muitas metodologias para sintonizar os controladores FOPID, que podem ser classificadas como regras de ajustes, métodos analíticos e métodos baseados em otimização (VALÉRIO, 2005). Assim, a fundamentação para pioneirismo do FOPID na indústria é uma ramificação para exploração e pesquisa. Partindo dessa premissa, traçaram-se os seguintes objetivos:

- a implementação de um controlador fracionário para uma planta industrial;
- o LCPI será pioneiro em desenvolvimento de controladores fracionário em plantas industriais;
- entender e explorar a fundamentação do cálculo fracionário para sistemas de controle;
- aplicar a Toolbox FOMCON do Matlab para controlar processos industriais;
- comparar os controladores IOPID e FOPID para analisar seu desempenho, analisando-se a variabilidade, erros e desempenho na planta piloto de vazão;

- aplicar métodos para estimar os ganhos inteiros e fracionários do controlador FOPID: regras de ajuste, métodos analíticos e métodos baseados em otimização (auto-tune – FOMCOM);
- testar o controlador FOPID em plantas industriais de dinâmicas diferentes na vazão (válvulas de controle com alto e baixo atrito; diferentes modos de atuar sobre as válvulas, usando posicionadores eletropneumático e digital e conversores I/P).

1.3 ESTRUTURA DOS CAPÍTULOS DO LIVRO

O livro está organizado em seis capítulos.

O primeiro capítulo descreve a motivação do tema.

O segundo capítulo descreve o funcionamento, equipamentos e medidores da planta-piloto de vazão.

O terceiro capítulo explana o PID fracionário, cálculo fracionário e suas aplicações.

O quarto capítulo realiza o levantamento do modelo matemático da planta-piloto de vazão.

O quinto capítulo aplica os métodos de sintonia para controladores fracionários.

Finalmente, o sexto capítulo apresenta as conclusões.

PLANTA-PILOTO DE VAZÃO

A planta-piloto de vazão é um circuito fechado de vazão e o bombeamento é feito por um conjunto motor + bomba. A água sai de uma caixa de 1.000 litros, flui pelo circuito e retorna à caixa d'água. A vazão pode ser alterada pelo inversor de frequência por meio da velocidade de rotação. O circuito hidráulico é composto de três válvulas de controle de vazão, sendo uma de baixo atrito, outra de alto atrito e uma para perturbar a planta. Para medir a vazão há um transmissor de pressão diferencial acoplado a uma placa de orifício e um medidor do tipo Coriolis. Na entrada e saída do circuito, há duas válvulas de bloqueio do tipo solenoide e a terceira para drenar a água do sistema para realizar manutenção e visualizar o grau de limpeza da água por um visor transparente agregado à tubulação, assim como um indicador da pressão da linha.

É possível controlar a planta por meio de um Sistema Digital de Controle Distribuído (SDCD) ou então por uma placa de aquisição e de saída de sinais analógicos e digitais acoplada ao Matlab. Para prover segurança, a planta tem um Controlador Lógico Programável (CLP) e um software para aquisição e armazenamento de dados.

A planta-piloto de vazão provê a estrutura necessária para pesquisa em instrumentação e controle, com equipamentos do âmbito industrial, incluindo estudos que podem ser feitos em controle de processos com válvulas de alto e baixo atrito.

O diagrama P&ID com os instrumentos e equipamento da planta-piloto de vazão está no Apêndice A. A Figura 1 exibe um esquema da planta-piloto de vazão.

Figura 1 – Planta-piloto de vazão no Process Book do PI System

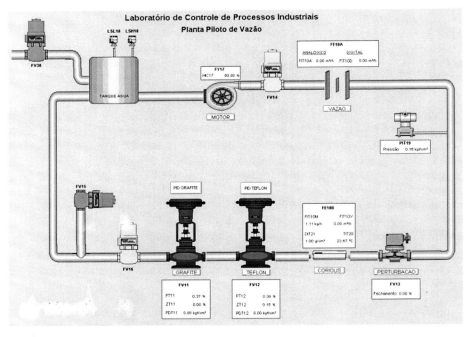

Fonte: Desvages; Rios, 2018

Os equipamentos e instrumentos que compõem a planta-piloto de vazão são:

1. caixa d'água da Amanco de 1.000 litros;
2. bomba de água da KSB;
3. compressor de ar da Schulz;
4. inversor de frequência SINAMICS G110 da Siemens;
5. medidor de vazão mássica Coriolis da Endress+Hauser (FE-10B);
6. placa de orifício da Digitrol (FE-10);
7. transmissores de pressão diferencial da Yokogawa acoplados à placa de orifício (FIT-10A e FIT-10D);
8. transmissores de pressão diferencial da Yokogawa acoplados às válvulas de controle (PdIT-15A e PdIT-15B);
9. válvulas de controle pneumáticas da Fisher/Emerson (FV-11 e FV-12);

10. válvula de perturbação pneumática da Valtek Sul Americana (FV-13);
11. válvulas solenoides de bloqueio da Ascoval (FV-14, FV-15 e FV-16);
12. conversores I/P da Emerson (FY-11 e FY-12);
13. posicionadores digitais DVC-6000 da Fisher/Emerson (ZC-11D e ZC-12D);
14. posicionadores eletropneumáticos 3582i da Fisher/Emerson (ZC-11E e ZC-12E);
15. sensores de posição LVDT (Linear Variable Differential Transformer) (ZT-11 e ZT-12);
16. medidores de pressão S-10 da Wika nos atuadores das válvulas de controle (PT-11 e PT-12);
17. tubulações;
18. SDCD 800xA da ABB;
19. CLP SLC 500 da Rockwell Automation;
20. placa de aquisição de dados PCI-6229 da National Instruments;
21. condicionador de sinais LVC2500 da Macro Sensor;
22. conversores I/V e V/I da ABB e da Conexel;
23. Fieldbus Motherboard FieldConnex da Pepperl+Fuchs;
24. relés;
25. disjuntores da ABB e da Terasaki;
26. fonte de alimentação ininterrupta (UPS) da APC;
27. computadores.

2.1 CAIXA D'ÁGUA DE 1.000 LITROS

A água da planta-piloto de vazão é armazenada em uma caixa d'água de 1.000 litros (Figura 1). Para indicar o nível da caixa d'água, há um sensor digital do tipo boia que indica dois níveis: alto e baixo; para ver o nível de água na caixa, utilizam-se as telas do SDCD. A caixa encontra-se em uma área externa do laboratório.

Figura 2 – Caixa d'água de 1.000 litros da Amanco

Fonte: Mesquita; Rios; Desvages, 2018

2.2 BOMBA DE ÁGUA KSB E MOTOR WEG

O conjunto motobomba (Figura 3) é responsável por bombear água nas tubulações da planta-piloto de vazão. A bomba não pode ser operada sem água, pois isso pode comprometê-la. Como já mencionado, o sistema de controle de velocidade da bomba funciona por meio de um inversor de frequência, em que é possível variar a vazão do sistema. O modelo do motor de indução trifásico com quatro polos é 90L, da empresa WEG.

Figura 3 – Conjunto motobomba KSB e WEG

Fon : Mesquita; Rios; Desvages, 2018

2.3 INVERSOR DE FREQUÊNCIA SIEMENS SINAMICS G110 (FY17)

É um elemento microprocessado que controla velocidade e torque de motores elétricos. Para controlar a velocidade, pode-se enviar um sinal analógico ou em rede. No caso do LCPI, é possível controlar essa velocidade pelo SDCD ou por um potenciômetro instalado no painel elétrico de controle da planta. A Figura 4 exibe o inversor do LCPI.

Figura 4 – Inversor de frequência da Siemens modelo SINAMICS G110

Fonte: Mesquita; Rios; Desvages, 2018

2.4 SENSOR DE VELOCIDADE ANGULAR – ENCODER

Os principais tipos de encoder são os incrementais e absolutos. No LCPI o encoder é do tipo absoluto e serve para medir a velocidade do conjunto motobomba. A maior vantagem desse tipo de encoder é que para cada posição há uma codificação, isto é, mesmo desligando o sensor, não se perde a posição absoluta. O encoder da planta-piloto de vazão é o modelo DFS60B-THPA10000, da Sick, ajustado para 500 pulsos por revolução, com eixo vazado de 15 mm de diâmetro e conector M23, que é ligado ao SDCD.

2.5 COMPRESSOR DE AR BRAVO CSL 10 DA SCHULZ

O compressor de ar (Figura 5) supre ar comprimido para acionar as válvulas de controle da planta. O compressor está alocado em uma área externa ao laboratório e os comandos de liga e desliga, que controlam a partida e parada, estão dentro do laboratório. O reservatório de ar é de 100 litros e tem uma pressão de 8 kgf/cm^2.

Figura 5 – Compressor da Schulz

Fonte: Mesquita, 2020

2.6 MEDIDORES DE VAZÃO DA PLANTA

Na planta-piloto de vazão, os medidores de vazão são dispositivos essenciais para fornecer ao controlador o valor atual da variável de processo (PV).

2.6.1 Medidor de vazão mássica Coriolis da Endress+ Hauser

Na planta se usa o modelo Proline Promass 83F da Endress+Hauser (Figura 6).

Figura 6 – Medidor de vazão mássico Coriolis

Fonte: Mesquita; Rios; Desvages, 2018

2.6.2 Medidor de vazão por pressão diferencial

Outro modo de se medir a vazão na planta é por uma placa de orifício (Figura 7) instalada entre dois flanges (Figura 8). A placa foi fabricada pela Digitrol, é do tipo concêntrica e o diâmetro do orifício é de 36,32mm.

Figura 7 – Placa de orifício

Fonte: Mora, 2014

Figura 8 – Placa de orifício entre os flanges com tomadas de pressão

Fonte: Mora, 2014

A placa de orifício gera uma diferença de pressão ΔP, que é medida por um transmissor de pressão diferencial. No LCPI, os transmissores usados são da Yokogawa (FIT-10A e FIT-10D). Na Figura 9, à esquerda, está o modelo Yokogawa DPHarp EJX110A Type S1, que opera com sinais de 4-20 mA, e à direita, o modelo Yokogawa DPHarp EJA110A Type S, que utiliza rede Fieldbus Foundation para comunicação.

Figura 9 – Transmissores de vazão da placa de orifício

Fonte: Mesquita; Rios; Desvages, 2018

2.7 VÁLVULAS DE CONTROLE DA FISHER/EMERSON (FV11 E FV12)

As válvulas FV-11 (alto atrito) e FV-12 (baixo atrito) são do tipo globo de 2", modelo ET da Fisher/Emerson, atuador modelo 657, diafragma com ação direta (ar para fechar), curso da haste de 1 1/8" (28,58 mm) e ambas podem ser operadas pelo conversor I/P, posicionador digital ou posicionador eletropneumático.

2.7.1 Conversores I/P da Emerson 846 (FY11 e FY12)

O conversor I/P (Figura 10) é um dispositivo pneumático que fornece pressão ao atuador da válvula. Ele recebe um sinal de 4-20 mA e o converte em 6 a 30 psi.

Figura 10 – Conversor I/P

Fonte: Mesquita; Rios; Desvages, 2018

2.7.2 Posicionadores eletropneumáticos 352i Fisher (ZC11E e ZC12E)

As vantagens do posicionador são a capacidade de lidar com atrito na válvula, garantir o fechamento da válvula e controlar o posicionamento da haste em malha fechada (FISHER, 2020). Na Figura 11 se vê o posicionador eletropneumático do LCPI, modelo 3582i da Fisher/Emerson, que recebe como set-point um sinal de 4-20 mA.

Figura 11 – Posicionador eletropneumático da Fisher 358i

Fonte: Mesquita; Rios; Desvages, 2018

2.7.3 Posicionadores digitais DVC 6000 da Fisher (ZT-11D e ZT-12D)

O posicionador digital dispõe de um microprocessador para um controle melhor, com a vantagem de eliminar elementos mecânicos e o controle de posicionamento ser digital. No LCPI, o modelo dos posicionadores digitais é o DVC-6000f, da Fisher/Emerson (ZT-11D e ZT-12D) (Figura 12), operando com protocolo de comunicação FF.

Figura 12 – Posicionador digital do LCPI

Fonte: Mesquita; Rios; Desvages, 2018

2.7.4 Sensores de posição LVDT (ZT-11A e ZT-12A)

O Linear Variable Differential Transformer (LVDT) (ZT-11A e ZT-12A) é o sensor de posição da haste das válvulas de controle (Figura 13).

Figura 13 – Sensor de posição LVDT

Fonte: Mesquita; Rios; Desvages, 2018

É necessário um condicionador de sinal para os LVDT. No LCPI, o condicionador envia um sinal de 0 a 10 VCC indicando a posição da haste (Figura 14).

Figura 14 – Condicionadores de sinais LVC 2500

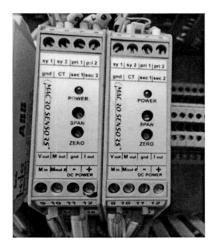

Fonte: Mesquita; Rios; Desvages, 2018

2.7.5 Transmissores de pressão S-10 da Wika (PT-11 e PT-12)

São transmissores usados para medir a pressão no atuador das válvulas de controle, posicionados na linha de entrada de ar do atuador (Figura 15). A faixa de medição é de 0 a 2,5 bar, sinal de 0 – 10Vcc e 6 a 30 psi.

Figura 15 – Transmissores de pressão S-10 Wika

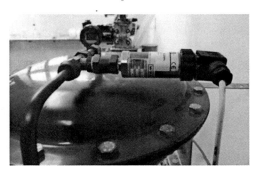 

Fonte: Mesquita, 2020

2.7.6 Transmissores de pressão diferencial da Yokogawa das válvulas de controle (PdIT-15 e PdIT-15B)

São transmissores de pressão diferencial para medir a diferença de pressões à montante e à jusante das válvulas, conforme mostrado na Figura 16.

Figura 16 – Tomadas de pressão antes e após a válvula

Fonte: Mesquita; Rios; Desvages, 2018

2.8 VÁLVULA DE PERTURBAÇÃO GLS DA VALTEK (FV-13)

É a válvula usada para inserir perturbações na planta. Seu sinal de operação é de 3 a 15 psi.

2.9 VÁLVULA SOLENOIDES 8210-100 DA ASCOVAL (FV14, FV15, FV16)

As válvulas solenoide da planta-piloto de vazão operam como válvulas de bloqueio. A Figura 17 mostra uma dessas válvulas.

Figura 17 – Válvula solenoide utilizada no LCPI

Fonte: Mesquita; Rios; Desvages, 2018

Na Tabela 1 há a descrição de cada válvula com o local de utilização na planta.

Tabela 1 – Descrição das válvulas solenoides

Válvula	Descrição
FV-14	Válvula de entrada
FV-15	Válvula de dreno
FV-16	Válvula de saída

Fonte: o autor

2.10 TUBULAÇÕES

As tubulações são de PVC, da marca Tigre, com diâmetro nominal de 2" (Figura 18). Ao longo do circuito hidráulico, há 34,53 m de trecho reto de tubulação e conexões do tipo T, curvas e joelhos, conforme a Tabela 2.

Figura 18 – Tubulação da planta-piloto de vazão do LCPI

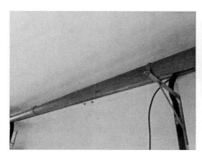

Fonte: Mora, 2014

Tabela 2 – Singularidades da planta-piloto de vazão do LCPI

Singularidade	Quantidade (peças)
Joelho 90°	19
Joelho 45°	1
Curva 90°	2
Tê com passagem direta	1
Tê com saída de lado	1

Fonte: Mora, 2014

2.11 SISTEMAS DE CONTROLE E DE AQUISIÇÃO DE DADOS

Na presente seção será apresentado todo o sistema de aquisição de dados para controle, atuação e sensores da planta-piloto de vazão.

2.11.1 Sistema digital de controle distribuído (SDCD) da ABB modelo 800xA

O SDCD do LCPI é mostrado na Figura 19.

Figura 19 – SDCD da ABB modelo 800xA

Fonte: Mesquita, 2020

Ele é composto de:

- 1 módulo Foundation Fieldbus CI860;
- 1 CPU AC 800M PM861;
- 1 módulo de saída analógica com 8 canais – AO810 0..20mA;
- 1 módulo de entrada analógica com 8 canais – AI810 0..20mA ou 0..10V;
- 1 módulo de saída digital com 16 saídas – DO810 24V;
- 1 módulo de entrada digital com 16 entradas – DI810 24V;
- 1 módulo de contagem rápida com 2 canais – DP820;

No caso do LCPI, o SDCD é usado para o controle e interface de controle e aquisição de dados (SCADA).

2.11.2 CLP da ROCKWELL modelo SLC500

No LCPI, o CLP usado é o SLC 500 da Rockwell Automation (Figura 20), responsável por ações de segurança da planta, como: evitar que a bomba opere sem água, controle das válvulas solenoide, controle de falhas para o motor não operar com sobrecarga e controle de vazão inferior a 4,5 m³/h.

Figura 20 – CLP da Rockwell modelo SLC 500

Fonte: Mesquita, 2020

A configuração de hardware do CLP consiste em:

- 1 chassi com 4 slots – 1746-A4;
- 1 fonte de alimentação – 1746-P2;
- 1 CPU SLC 5/04 1747-L541;
- 1 módulo com 16 entradas digitais – 1746-IB16;
- 1 módulo com 16 saídas digitais – 1746-OB16;
- 1 módulo com 2 entradas e 2 saídas analógicas – 1746-NIO4I 4-20mA ou 0-10V.

2.11.3 Placa de aquisição de dados da NI PCI6229

A placa PCI6229 da NI é um dispositivo de aquisição de dados no qual são ligados sinais de entrada e saída analógica e digital (0-10V e 0/5V, respectivamente) (Figura 21). Para conectar os sinais de campo ao computador é necessário um bloco de conexões CB-68LPR e cabos seriais SHC-68-EPM (Figura 22).

Figura 21 – Placa NI PCI 6229

Fonte: Artisan, 2020

Figura 22 – Bloco de conexões da placa com cabo serial

Fonte: Mesquita; Rios; Desvages, 2018

No computador foi instalado o software NI-DAQmx, que tem os drives requeridos para seu correto funcionamento. A interface é feita pelo Matlab, que permite a leitura dos sinais com a taxa de amostragem de 100 ms.

2.11.4 MATLAB

Na planta-piloto de vazão, a placa de aquisição de dados NI PCI 6229 acoplada ao Matlab permite controlar a planta e coletar dados de variáveis da planta.

Assim, com esta breve introdução de apresentação da planta, será mais fácil mencionar equipamentos, atuadores e sensores para as aplicações posteriores de levantamento matemático do modelo da planta e parametrização do controlador.

3

PID FRACIONÁRIO (FOPID)

No presente capítulo é apresentada uma breve introdução ao cálculo fracionário, aplicações da transformada de Laplace com cálculo fracionário e aplicação com o controlador PID fracionário.

3.1 CÁLCULO FRACIONÁRIO

O cálculo fracionário tem origem em uma carta entre Leibniz e L'Hôpital. Leibniz formulou uma questão a L'Hôpital, envolvendo a generalização da derivada de ordem inteira para uma ordem, em princípio arbitrária (CAMARGO; OLIVEIRA, 2015), ou seja, interpretação para uma derivada de ordem fracionária, conforme a Equação (1).

$$D^{\frac{1}{2}} y(x) = \frac{d^{\frac{1}{2}}}{dx^{\frac{1}{2}}} y(x) \qquad (1)$$

A partir dessa troca de cartas, o cálculo fracionário foi iniciado e Leibniz foi o primeiro a tentar entender o significado de uma função de ordem não inteira. No início do século XIX, vários autores contribuíram para a solução do problema: Laplace definiu uma derivada fracionária por meio de uma integral, em 1812, e Lacroix mencionou em 1819, em seu livro, um problema que visava obter a fórmula para a n-ésima derivada para monômios do tipo $y = x^m$ (CAMARGO; OLIVEIRA, 2015), dada por:

$$\frac{D^n}{dx^n} = \frac{d^n x^m}{dx^n} = D^n x^m = \frac{m!}{(m-n)!} x^{m-n} \qquad (2)$$

Sendo $m \in \mathbb{Z}_+$ (m é um inteiro positivo) e $n \leq m$, assim, introduzindo a função gama no lugar do fatorial, substituindo n por α e m por β, em que α e β são números fracionários:

$$\frac{d^n x^m}{dx^n} = D^n x^m = \frac{\Gamma(m+1)}{\Gamma(m-n+1)} x^{m-n} \qquad D^\alpha x^\beta = \frac{\Gamma(\beta+1)}{\Gamma(\beta-\alpha+1)} x^{\beta-\alpha} \qquad (3)$$

Substituindo $a=1/2$ e $\beta=1$ na Equação (3), resulta em:

$$\left(\frac{d}{dx}\right)^{1/2} = D^{1/2} x = \frac{\Gamma(2)}{\Gamma(3/2)} x^{1/2} = 2\sqrt{\frac{x}{\pi}} = \frac{2\sqrt{x}}{\pi} \qquad (4)$$

Uma forma de generalização do cálculo diferencial e integral não inteiro é pelo operador $a\mathfrak{D}_t^\alpha$, em que a e t são os limites de operação e α é a ordem fracionária dada por:

$$a\mathfrak{D}_t^\alpha = \begin{cases} \frac{d^\alpha}{dt^n} & \Re(\alpha) > 0, \\ 1 & \Re(\alpha) = 0, \\ \int_a^t (dt)^{-\alpha} & \Re(\alpha) < 0, \end{cases} \qquad (5)$$

e $\alpha \in \mathfrak{R}$ e aos complexos.

De acordo com Tepljakov (2011), o operador de Riemann-Liouville é a definição mais usada no cálculo fracionário:

$$a\mathfrak{D}_t^\alpha f(t) = \frac{1}{\Gamma(m-\alpha)} \left(\frac{d}{dx}\right)^m \int_a^t \frac{f(\tau)}{(t-\tau)^{\alpha-m+1}} d\tau \qquad (6)$$

Sendo $m - 1 < \alpha < m, m \in \mathbb{N}$, $\alpha \in \mathbb{R}^+$ e $\Gamma(.)$ a função gama de Euler.
Definição de Caputo:

$$a\mathfrak{D}_t^\alpha f(t) = \frac{1}{\Gamma(m-\alpha)} \int_0^t \frac{f^m(\tau)}{(t-\tau)^{\alpha-m+1}} d\tau \qquad (7)$$

em que $m - 1 < \alpha < m, m \in \mathbb{N}$.

Outra definição é a de Grünwald-Letnikov. Ela pode ser especialmente útil devido à importância das aplicações (TEPLJAKOV, 2011).

$$a\mathfrak{D}_t^\alpha f(t) = \lim_{h \to 0} \frac{1}{h^\alpha} \sum_{j=0}^{\left[\frac{t-a}{h}\right]} (-1)^j \binom{\alpha}{j} f(t-jh) \tag{8}$$

Um exemplo de aplicação usando Riemann-Liouville com m=1 e α =1/2 para $f(t)=t^2$ e $a=0$ é:

$$a\mathfrak{D}_t^\alpha t^2 = \frac{1}{\Gamma\left(1-\frac{1}{2}\right)} \left(\frac{d}{dt}\right) \int_0^t \frac{\tau^2}{(t-\tau)^{\frac{1}{2}-1+1}} d\tau = \frac{1}{\sqrt{\pi}} \frac{d}{dt} \frac{16 t^{\frac{5}{2}}}{25} = \frac{8 t^{3/2}}{3\sqrt{\pi}} \tag{9}$$

Usando Caputo:

$$a\mathfrak{D}_t^\alpha t^2 = \frac{1}{\Gamma\left(1-\frac{1}{2}\right)} \int_0^t \frac{2\tau}{(t-\tau)^{\frac{1}{2}-1+1}} d\tau = \frac{1}{\sqrt{\pi}} \int_0^t \frac{2\tau}{(t-\tau)^{\frac{1}{2}}} d\tau = \frac{8 t^{3/2}}{3\sqrt{\pi}} \tag{10}$$

3.2 TRANSFORMADA DE LAPLACE

A transformada de Laplace é uma ferramenta importante para análise de controle e sistemas dinâmicos. A função $F(s)$, em que s é chamada de variável complexa da transformada de Laplace de $f(t)$, é definida como:

$$F(S) = \mathcal{L}[f(t)] = \int_0^\infty e^{-st} f(t) dt \tag{11}$$

A transformada inversa de Laplace é dada por:

$$F(S) = \mathcal{L}^{-1}[F(S)] = \frac{1}{j2\pi} \int_{e-\infty}^{e+\infty} e^{st} F(s) dS \tag{12}$$

Definição da transformada de Laplace com o operador fracionário de Riemann-Liouville:

$$[\mathfrak{D}^\alpha f(t)] = S^\alpha F(S) - \sum_{k=0}^{m-1} S^k [\mathfrak{D}^{\alpha-k-1}]_{t=0}, \tag{13}$$

sendo (m − 1 < α < m).

Definição da transformada de Laplace com o operador fracionário de Caputo:

$$[\mathfrak{D}^\alpha f(t)] = S^\alpha F(S) - \sum_{k=0}^{m-1} S^{\alpha-k-1} f^{(k)}(0), \qquad (14)$$

sendo (m − 1 < α < m).

Definição da transformada de Laplace com o operador fracionário de Grünwald-Letnikov, que será a definição utilizada no presente trabalho para o controle fracionário:

$$[\mathfrak{D}^\alpha f(t)] = S^\alpha F(S) \qquad (15)$$

3.3 CONTROLADOR DE ORDEM FRACIONÁRIA

Em 1999, Podlubny propôs o primeiro controlador PID fracionário generalizado, pela definição de Riemann-Liouville:

$$G_c(S) = \frac{U(S)}{E(S)} = K_p + K_I S^{-\lambda} + K_D S^\mu + (\lambda, \mu > 0) \qquad (16)$$

Fazendo-se $\lambda = 1$ e $\mu = 1$, obtém-se o PID convencional. Segundo Podlubny (1999), a vantagem dos controladores fracionários em relação aos convencionais é a flexibilidade de ajuste às propriedades dinâmicas dos sistemas. Um outro modo de analisar a dinâmica de funcionamento dos controladores FOPID é pela representação em um plano, onde os controladores IOPID e FOPID estão em interação, como visto na Figura 23.

Figura 23 – Interação dos controladores IOPID e FOPID no plano PIλD

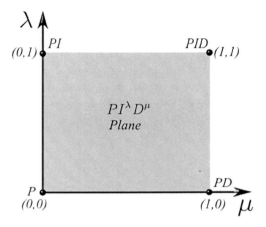

Fonte: Das; Pan, 2013

É possível observar que os controladores P, PI, PD e PID são apenas quatro pontos no plano e o controlador FOPID poderá assumir qualquer valor no plano. Portanto, o FOPID proporciona maior liberdade e ajustes adicionais para aplicações específicas (DAS; PAN, 2013). Na Figura 24 apresenta-se o diagrama de blocos do controlador FOPID.

Figura 24 – Diagrama de blocos do controlador FOPID

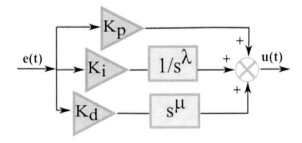

Fonte: Das; Pan, 2013

3.3.1 Análise de estabilidade de sistemas de ordem fracionária

Para os sistemas lineares invariantes no tempo (SLIT) sua estabilidade é caraterizada pelos polos ou raízes do polinômio do denominador de uma função de transferência, sendo negativas ou tendo as partes reais negativas caso sejam complexos conjugados (OGATA, 2010). Assim, segundo Campos (2019), para determinar a estabilidade de ordem fracionária, é preciso utilizar o teorema de estabilidade de Matignon.

3.3.1.1 Teorema de estabilidade de Matignon

Segundo o teorema de estabilidade de Matignon, uma função de transferência $G(s)$ é estável se, e somente se, a condição for satisfeita no pl   (MATIGNON, 1998):

$$|\arg(\sigma)| > q\,\pi\,2\,, \forall \sigma \in C, P(\sigma) = 0 \qquad (17)$$

Sendo $0 < q < 2$ e $\sigma := s^q$, assim, se $\sigma = 0$ for uma única raiz de $P(s)$, o sistema não será estável. Para $q = 1$, este é o caso clássico da localização dos polos no plano complexo: nenhum polo está no semiplano direito. Na Figura 25 encontra-se a região de estabilidade.

Figura 25 – Região de estabilidade de ordem fracionária

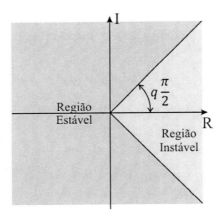

Fonte: Chen, Petras e Xue, 2009

3.3.2 Efeitos das ações do controlador fracionário

Nesta subseção discutem-se as diferenças entre FOPID e IOPID. A comparação é focada nas ações integral e derivativa em ambos os controladores. Na Tabela 3 vê-se o comparativo das ações integral e derivativa no domínio da frequência e do tempo.

Tabela 3 – Similaridades e diferenças entre IOPID e FOPID

Ação	Domínio	Efeito	Inteiro	Fracionário
I	Tempo	Erro de regime estacionário	Eliminação	
		u em função do erro	Se e>0, u cresce linearmente	Cresce ou decresce de forma não linear com tempo
			Se e<0, u decresce linearmente	
		Regime transitório	Velocidade pode ser mudada	Velocidade e curva de resposta podem ser mudadas
	Frequência	Resposta em frequência	A curva de magnitude decresce com 20 dB/dec	A curva de magnitude decresce com declínio de 20 dB/dec
			Decréscimo de $\pi/2$ em curva de fase	Decréscimo de $(\pi\lambda/2)$ em curva de fase
D	Tempo	Erro de regime permanente	A ação não responde, pois necessita da ação integral	A ação responde, porém o termo deve ser usado individualmente
		Horizonte de predição	O termo T_d antecipa o erro	O termo T_d antecipa o erro também, porém o termo μ corresponde à inclinação da reta do erro na curva nesse ponto
	Frequência	Reposta em Frequência	A curva de magnitude cresce com 20 dB/dec	A curva de magnitude cresce com 20 dB/dec
			acréscimo de $\pi/2$ em curva de fase	acréscimo de $(\pi\lambda/2)$ em curva de fase
			Filtro passa-baixo de segunda ordem	Filtro passa-baixo de ordem μ
		Filtragem	Precisa de dois parâmetros para sintonia T_f (tempo constante de filtro) e N (Razão entre T_d e T_f)	O parâmetro μ permite resposta diferentes de frequências, variando os filtros (T_d e T_f), consequentemente há diferentes filtragens no erro

Fonte: Tejado *et al.*, 2019

Concernentemente à parte integral, os principais efeitos são: resposta mais lenta e eliminação do erro de regime estacionário. No domínio do tempo, aumenta o tempo de subida, o tempo de acomodação e o sobressinal. No plano complexo, a ação integral causa um deslocamento do sistema em direção ao semiplano direito. No domínio da frequência, um decréscimo de 20 dB/dec na magnitude e decréscimo de p/2 da fase do sistema. Na parte fracionária, $l \in (0,1)$ pondera as ações mencionadas, no domínio do tempo, a ação integral responde a erros diferentes de zero ponderados pelo parâmetro l, aumentando a ação de controle para erros positivos e em caso negativo, se o erro for constante, pode aumentar em diferentes inclinações ou velocidades da resposta do sistema (Figura 26). Para um sinal de erro quadrático, observa-se que o erro varia da ação proporcional pura $l=0$ à ação integral clássica $l=1$. Para valores intermediários de l, a ação de controle cresce quando o erro é constante, resultando em erro nulo em regime permanente, consequentemente diminuindo a instabilidade do sistema. No plano complexo, há uma melhor seleção das raízes em direção ao semiplano direito. No domínio da frequência, $l \in (0,1)$, tem a possibilidade de um incremento constante da inclinação da curva de magnitude entre 0 a -20 dB/dec e um atraso de fase de -p/2 rad, especificamente (–p l/2), ou seja, l pondera também a inclinação da curva de magnitude e atraso a respostas em frequência do sistema (TEJADO *et al.*, 2019).

Figura 26 – Efeitos da ação integral fracionária com sinal constante (a) e sinal quadrado (b)

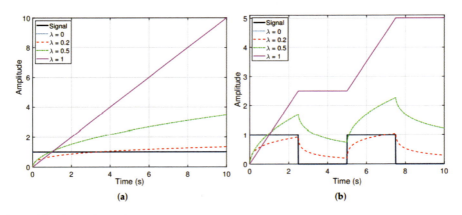

Fonte: Tejado *et al.*, 2019

A ação derivativa aumenta a estabilidade do sistema no regime transitório e tende a acentuar os efeitos do ruído em altas frequências. No domínio do tempo, nota-se a diminuição no sobressinal e do tempo de acomodação. No plano complexo, ela produz um deslocamento dos polos para o semiplano esquerdo. No domínio da frequência, ela gera um avanço de fase constante de (p μ/2) rad e um aumento de magnitude de 20 dB/dec e o mesmo raciocínio da ação integral com relação à derivativa: ponderação de $\mu \in (0,1)$ na magnitude de ganho e fase (Figura 27) (TEJADO *et al.*, 2019).

Figura 27 – Efeitos da ação derivativa fracionária com sinal trapezoidal

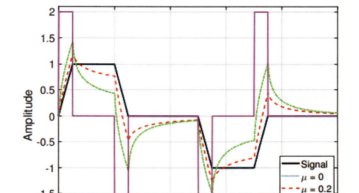

Fonte: Tejado *et al.*, 2019

Considere uma planta com a seguinte função de transferência:

$$G(S) = \frac{1}{(S+1)^3} \qquad (18)$$

Seja o seguinte controlador fracionário aplicado a essa planta:

$$C(S) = K_p \left(1 + \frac{1}{T_i S^\lambda}\right) \qquad (19)$$

Na Figura 28, são ilustrados os efeitos da ordem fracionária e inteira. Note que, em (a) e (b), na figura, com ganho constante K_p=1, o tempo integral T_I e o fator *l* são alterados individualmente. Nota-se que o erro de estado estacionário é removido e quando $T_I=\infty$, equivale a um controle P, em que se aumenta o erro de regime permanente em 50%. Para valores menores de T_I, mais rápida e oscilatória é a resposta do sistema. O efeito das mudanças da ordem de integração fracionária é observado pela ponderação de *l* e um ponto relevante a ser visto é que o parâmetro *l* não afeta as oscilações e a resposta do sistema, somente o parâmetro T_I (TEJADO et al., 2019).

Figura 28 – Resposta em malha fechada do controlador PI (a) (KP = 1, TI variando e l = 1) e fracionário (KP = 1, TI = 2 e l variando) (b)

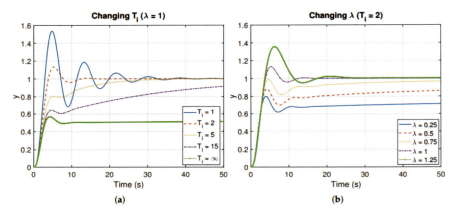

Fonte: Tejado *et al.*, 2019

Considere uma planta com a seguinte função de transferência:

$$G(S) = \frac{1}{S^2} \qquad (20)$$

Seja o seguinte controlador fracionário aplicado a essa planta:

$$C(S) = K_p(1 + T_d S^\mu) \qquad (21)$$

Na Figura 29, veem-se as propriedades da ação derivativa e da sua ordem fracionária. Foi considerado o mesmo método de análise, com $K_p=1$ constante e T_D e μ sendo alterados individualmente. A resposta do PD clássico, com μ = 1, é vista na Figura 29 a: nota-se o aumento do amortecimento na resposta do sistema ao se aumentar T_D, menor será o tempo de acomodação Na Figura 29 b, quanto menor o valor de μ, menor será o coeficiente de amortecimento do sistema e verifica-se que μ afeta apenas o sobressinal.

Figura 29 – Controlador PD clássico em malha fechada (a) (KP = 1, TD variando e μ = 1) e controlador PD fracionário (b) (KP = 1, TD = 2 e μ variando)

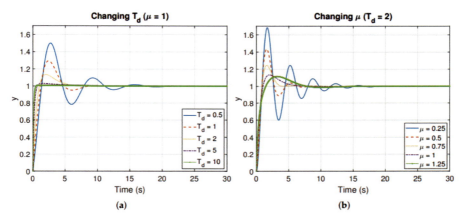

Fonte: Tejado et al., 2019

Nas próximas subseções, é abordado e mostrado como foram realizados testes preliminares do controlador FOPID e, principalmente, como se comportam os parâmetros fracionários derivativos e integrativos em uma planta industrial.

3.3.3 Métodos de sintonia para o controlador fracionário

Há várias técnicas de sintonia de controladores FOPID. Valério (2005) denomina, classifica e diferencia as técnicas de sintonia como:

- regras de ajuste;
- métodos analíticos;
- métodos baseados em otimização.

Também há muitos métodos de sintonia para o controlador PID sendo criados no decorrer dos anos, mas para os controladores fracionários as técnicas de otimização podem ser aplicadas (TEPLJAKOV et al., 2011) e devem ser considerados os seguintes aspectos:

- especificação de projeto do PID fracionário;
- critério de otimização;
- parâmetros para otimizar;
- obtenção de parâmetros iniciais para otimizar.

Assim, como primeira técnica de sintonia de controladores FOPID, é abordado o método de Tepljakov (2011), que envolve regras para sintonia pelo método de otimização. Para a obtenção desses parâmetros, deve-se usar um modelo do processo, que geralmente é de primeira ordem com tempo morto (First Order Plus Dead Time – FOPDT). Assim, esses parâmetros podem ser usados para a otimização. Uma outra forma de otimização é usando especificações de projeto com o domínio da frequência em malha aberta: $C(j\omega)$ e $G(j\omega)$, o controlador e a planta, respectivamente, as quais incluem:

- margem de ganho G_m, que é a diferença do ganho unitário e o ganho de fase em $-180°$;
- margem de fase ϕ_m, que é a diferença entre $-180°$ do ângulo de fase na frequência de corte do ganho.

Em termos de análise de rejeição a perturbações, podem ser usados os seguintes índices:

$$T(j\omega) = \left(\frac{C(j\omega)G(j\omega)}{1+C(j\omega)G(j\omega)}\right) \qquad (22)$$

- Função de sensibilidade $S(j\omega)$:

$$S(j\omega) = \left(\frac{1}{1+C(j\omega)G(j\omega)}\right) \qquad (23)$$

O conjunto de parâmetros para otimizar consiste em:

$$\theta = [K_P\, K_I\, K_D\, \lambda\, \mu] \qquad (24)$$

Como critérios de otimização dos parâmetros da Equação (24), ou seja, busca de valores ótimos para a sua sintonia, podem ser utilizados os seguintes atributos:

- Integral Square Error (ISE) = $\int_0^t e^2(t)\,dt$: é um índice que tem uma maior sensibilidade aos erros grandes se comparados aos erros pequenos, pois o quadrado de um número grande é maior que o quadrado de um número pequeno. Como parâmetro de ajuste de otimização, esse índice tende a eliminar os erros de maiores proporções rapidamente, porém pequenos erros podem persistir por um longo período, no caso, oscilações longas e de pequena amplitude (MADEIRA, 2016).

- Integral Absolute Error (IAE) = $\int_0^t |e(t)|\,dt$: é o módulo do erro atuante, assim, é um modo lento para a redução do erro, pois não adiciona uma ponderação ao erro, porém espera-se que gere menos oscilações na saída (MADEIRA, 2016), como critério de otimização.

- Integral Time-Square Error (ITSE) = $\int_0^t te(t)^2\,dt$: a ponderação em relação ao erro inicial é grande e no final o peso é menor, assim, os erros de longa duração são mais penalizados. Como critério para sintonia do controlador, tem rápida resposta com tempo de subida (FERMINO, 2014).

- Integral Time-Absolute Error (ITAE) = $\int_0^t t|e(t)|\,dt$: este índice realiza a ponderação usando o erro absoluto e o tempo e, nesse critério, pode-se atingir o regime permanente mais rapidamente (MADEIRA, 2016), para o ajuste de valores ótimos dos parâmetros do controlador FOPID.

Portanto, para sintonizar controladores FOPID, é possível usar parâmetros para encontrar os valores ideais por meio de índices de erro e funções de transferência do controlador e da planta pelo método de otimização. Para outros métodos de sintonia, há outros modos de encontrar esses valores, assim, a proposta aqui é mostrar quais formas e métodos podem ser usados para ajustar controladores FOPID. Neste trabalho se exploram os métodos de otimização, regras de ajuste e métodos analíticos. Os índices de avaliação de desempenho supracitados (ISE, IAE, ITSE, ITAE, além da variabilidade e da atividade da variável manipulada – IAU), sendo esses dois últimos índices abordados no Capítulo 5) também são utilizados para analisar o desempenho da malha de controle e para a sintonia dos controladores fracionários. No Capítulo 5 são explorados os métodos de ajustes do controlador FOPI para a malha de controle de vazão e os índices de desempenho. Os cálculos desenvolvidos em Matlab dos índices de desempenho se encontram no Anexo A.

3.3.4 Aproximação de operadores fracionários

Devido à disponibilidade de ferramentas para análise de sistemas de ordem inteira e linear, é altamente desejável aproximar um modelo inteiro para sistemas fracionários e muitos métodos são detalhados em Feliu *et al.* (2000). O filtro de Oustaloup é uma boa forma de aproximação de operadores fracionários em uma frequência especificada e muito utilizado em cálculo (TEPLJAKOV, 2011). Para uma faixa de frequências $(\omega b, \omega h)$ e ordem N, o filtro utiliza um operador $S^\gamma, 0 < \gamma < 1$, dado por:

$$G_f(s) = K \prod_{k=-N}^{N} \frac{S+\omega'_k}{S+\omega_k} \qquad (25)$$

Sendo:

$$\omega'_k = \omega_b \left(\frac{\omega_h}{\omega_b}\right)^{\frac{k+N+1/2(1-\gamma)}{2N+1}} \qquad (26)$$

$$\omega_k = \omega_b \left(\frac{\omega_h}{\omega_b}\right)^{\frac{k+N+1/2(1+\gamma)}{2N+1}} \qquad (27)$$

$$K = \omega_h^\gamma \qquad (28)$$

Uma redefinição do filtro de Oustaloup também é dada:

$$S^\alpha = \left(\frac{d\omega_h}{b}\right)^\alpha \left(\frac{dS^2+b\omega_h S}{d(1-\alpha)S^2+b\omega_h+d\alpha}\right) K \prod_{k=-N}^{N} \frac{S+\omega'_k}{S+\omega_k} \qquad (29)$$

Sendo:

$$\omega_k = \omega_b \left(\frac{b\omega_h}{d}\right)^{\frac{\alpha+2k}{2N+1}} \qquad (30)$$

$$\omega'_k = \omega_b \left(\frac{d\omega_b}{b}\right)^{\frac{\alpha-2k}{2N+1}} \qquad (31)$$

Para uma boa aproximação, usa-se $b=10$ e $d=9$, que foi confirmado por análise teórica e experimental (TEPLJAKOV, 2011). Todos esses métodos de aproximação do operador fracionário permitem realizar uma aproximação de ordem fracionária para ordem inteira, assim, para ordens fracionárias $a \ ^3 1$, é válido:

$$S^\alpha = S^n S^\gamma \tag{32}$$

Em que $n = \alpha - \gamma$, sendo α a parte inteira e γ obtido pela aproximação de Oustaloup usando a Equação (25) ou a Equação (29), sendo a Equação (29) a mais utilizada. Na presente obra, será utilizado para os métodos de sintonia de auto-tuning da Toolbox do Matlab desenvolvido por Tepljakov *et al.* (2011).

3.3.5 Discretização

A discretização é relevante na aplicação de controladores. Métodos de discretização foram criados para modelos de ordem fracionária, como Finite Impulse Response (FIR) e Infinite Impulse Response (IIR), sendo este último o mais usado (TEPLJAKOV, 2011). Como citado na subseção 3.3.3, para obter um bom modelo discreto é preciso:

- modelo de ordem fracionária contínuo no tempo ou modelo de ordem racional $G_c(S)$, usando filtro de Oustaloup; e

- discretização com período de amostragem T para transformar $G_c(s)$ em $G_d(z)$.

Neste trabalho se usa o método de Tustin (método de transformação bilinear), dado pela Equação (33), para discretizar o controlador FOPID:

$$s = \frac{2z-1}{Tz+1} \tag{33}$$

Em que T é o período de amostragem e frequências críticas (*prewarping*) de $G_c(s)$ poderão ser necessárias para que as respostas em frequência de $G_c(j\omega)$ e $G_d(j\omega)$ sejam iguais após a discretização.

3.3.6 Toolbox FOMCON do Matlab

Esta subseção foi baseada em Tepljakov *et al.* (2011). A Toolbox FOMCON foi desenvolvida por Tepljakov. FOMCON significa modelagem de ordem fracionária e a motivação para a sua criação foi gerar uma ferramenta para facilitar a pesquisa de sistemas de ordem fracionária. A toolbox também tem interfaces gráficas, ferramentas para modelagem e identificação fracionária de sistemas, um complemento importante na área de modelagem. A toolbox ainda tem uma minicaixa chamada Fractional Order Transfer Function (FOTF). A FOMCON possui ferramentas dedicadas para controle, como a CRONE e a NINTEGER. Na Figura 30 se ilustra a arquitetura da FOMCON.

Destacam-se as seguintes considerações:

- é um produto adequado para iniciantes e usuários avançados, com disponibilidade gráfica;
- baseia-se na extensão de esquemas de controle clássico para conceitos de ordem fracionária;
- pode ser vista como integração das caixas de controle fracionário CRONE e NINTEGER;
- possui um conjunto de blocos para Simulink;
- devido à disponibilidade do código-fonte, a toolbox pode ser transferida para outras plataformas, como Scilab ou Octave.

Figura 30 – Toolbox FOMCON do Matlab

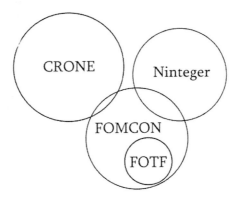

Fonte: Tepljakov *et al.*, 2011

O principal objeto da FOMCON é a função de transferência dada pela Equação (34). A caixa de ferramenta concentra-se em sistemas SISO (Single Input Single Output) e sistema lineares invariantes no tempo (LTI).

$$G(S) = \frac{Y(S)}{U(S)} = \frac{b_m S^{\beta_m} + b_{m-1} S^{\beta_{m-1}} + \cdots b_0 S^{\beta_0}}{a_n S^{\alpha_n} + a_{n-1} S^{\alpha_{n-1}} + \cdots a_0 S^{\alpha_0}} \qquad (34)$$

A FOMCON consiste nos seguintes módulos interconectados, que podem ser acessados pelo usuário (Figura 31):

- módulo principal (análise de sistema fracionário);
- Módulo de identificação (identificação dos sistemas nos domínios do tempo e da frequência);
- módulo de controle (FOPID).

Figura 31 – Módulos da FOMCON

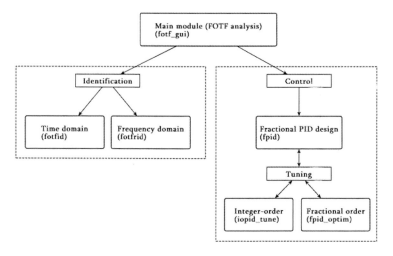

Fonte: Tepljakov et al., 2011a

As principais funções utilizadas na FOMCON são:

- **Function fotf():** é o método de inicialização do objeto FOTF;
- **Function newfotf():** implementa um analisador de string para obter a ordem da função de transferência desejada;

- **Function isstable()**: verifica se a função de transferência fracionária é estável;
- **Function lsim()**: utiliza a definição de Grünwald-Letnikov para conversão de ordem inteira para fracionária;
- **Function freqresp()**: resposta da função de transferência $G(s)$ fracionária no domínio da frequência;
- **Function oustapp()**: calcula a aproximação do filtro de Oustlaloup de funções de transferência de ordem inteira para fracionária;
- **Function fotf_gui()**: interface gráfica do módulo FOTF;
- **Function fotfid()**: interface gráfica para ferramentas de identificação no domínio do tempo;
- **Function fotfrid()**: interface gráfica para ferramentas de identificação no domínio da frequência;
- **Function fracpid()**: retorna uma função de transferência fracionária que corresponde a um PID de ordem fracionária;
- **Function tid()**: retorna um objeto correspondente ao controlador TID (esse controlador será explanado nas seções posteriores);
- **Function frlc()**: calcula a resposta em frequência do compensador de ordem fracionária do tipo *Lead-Lag*;
- **Function fotf2io()**: obtém um modelo aproximado de um sistema de ordem fracionária pelo método de otimização;
- **Object fpopt()**: é projetado para uma especificação conveniente de opções de otimização do PID fracionário;
- **Function fpid_optimize()**: procura parâmetros ideais para o PID fracionário, de acordo com as especificações no fpopt;
- **Function fpid()**: interface gráfica para sintonia do FOPID;
- **Function fpid_optim()**: interface gráfica para parametrizar os valores do FOPID por meio de uma função de transferência;
- **Function iopid_tune()**: interface gráfica para parametrizar os valores do IOPID por meio de uma função de transferência.

As Figuras 32, 33 e 34 ilustram os principais blocos do FOMCON do Simulink.

Figura 32 – Blocos FOMCON do Simulink

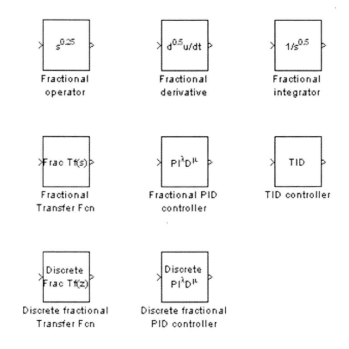

Fonte: Tepljakov *et al.*, 2011

Figura 33 – Bloco do PI^λ D^µ interno no Simulink

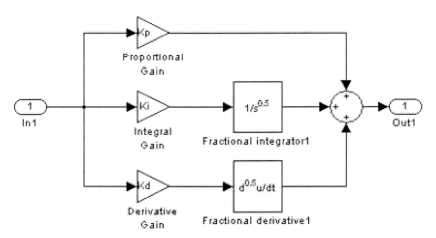

Fonte: Tepljakov *et al.*, 2011

79

Figura 34 – Estrutura do controlador TID

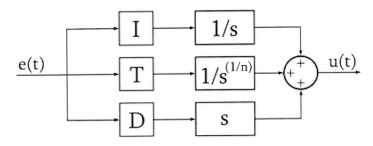

Fonte: Tepljakov et al., 2011

O controlador TID é um sistema de controle retroalimentado do tipo PID, em que o componente proporcional do compensador é substituído por um componente inclinado dado por $K_T s^{-1/n}$ (CAMPOS, 2019) e a função de transferência é dada pela Equação (35):

$$G_s(s) = K_T s^{-1/n} + \frac{K_i}{s} + K_d s \qquad (35)$$

A função de transferência resultante de todo o compensador se aproxima mais de uma função de transferência de malha ideal, obtendo-se, assim, melhor desempenho de controle de realimentação. Além disso, em comparação com os compensadores PID convencionais, o compensador TID permite um ajuste mais simples, melhor rejeição de perturbações e efeitos menores das variações dos parâmetros da planta na resposta em malha fechada. O objetivo do TID é fornecer um compensador retroalimentado aprimorado com as vantagens do compensador PID convencional, mas fornecendo uma resposta mais próxima da resposta teoricamente ideal (CAMPOS, 2019).

Este bloco é o controlador Tilt-Integral-Derivative (TID), com frequências [ωb, ωh]. Sua estrutura é apresentada na Figura 34. O componente TILT é $K_T s^{-1/n}$, sendo K_T o ganho de inclinação e n o parâmetro fracionário. O filtro de Oustaloup é usado como operador fracionário de aproximação.

Assim, após dada a contextualização e entendimento do FOPID, é possível realizar ensaios na planta-piloto de vazão para testar as sintonias e verificar o desempenho do controlador FOPID em uma planta industrial.

3.3.7 Testes preliminares do controlador FOPID

Para realizar testes na planta-piloto de vazão com a implantação do controlador FOPID, implementou-se um filtro na saída do medidor de vazão Coriolis. O motivo para implantar esse filtro foi que o sinal de saída do controlador estava muito oscilatório e, assim, a válvula de controle recebe esse sinal oscilatório. Com o passar do tempo, devido ao atuador receber esse sinal ruidoso, pode diminuir a vida útil da válvula por causa dos esforços rápidos que o controlador envia. O sinal de realimentação proveniente do medidor de vazão Coriolis é um sinal muito ruidoso e quando o controlador compara esse sinal com o SP, o erro gerado é muito ruidoso, portanto, o controlador recebe esse sinal em sua entrada interferindo diretamente em sua saída. É importante ressaltar que esse problema não é gerado pelo FOPID, mas é uma característica de plantas industriais (ruído de medida). Como essas primeiras implementações foram feitas no Simulink, usou-se o filtro de Butterworth para reduzir a ação do ruído e melhorar o sinal de saída do controlador e, consequentemente, o esforço de controle e vida útil do atuador.

3.3.7.1 Filtro de Butterworth

Filtros são elementos capazes de alterar a característica dos sinais de entrada, de modo que apenas uma parcela específica dos componentes de frequência chega à saída do filtro. A resposta em frequência do filtro é caracterizada por uma faixa de passagem e uma de rejeição, separadas por uma faixa de transição ou uma faixa de guarda (ALVES et al., 2020). O filtro de Butterworth foi criado pelo engenheiro britânico S. Butterworth (1930) em sua publicação "On the Theory of Filter Amplifiers". O filtro de Butterworth tem uma resposta em frequência a mais plana possível, o quanto for matematicamente possível na banda passante. A resposta em frequência de um filtro de Butterworth é muito plana (não possui ripple ou ondulações) na banda passante e se aproxima de zero na banda rejeitada. Quando visto em um gráfico logarítmico, essa resposta desce linearmente até o infinito negativo. Para um filtro de primeira ordem, a resposta varia em ±20 dB por década. Todos os filtros de primeira ordem, independentemente de seus nomes, são idênticos e têm a mesma resposta em frequência. Para um filtro de Butterworth de segunda ordem, a resposta em frequência varia em ±40 dB por década, em um filtro de terceira ordem a variação é de ±60 dB por década e assim por diante. Os filtros de Butterworth têm uma queda na sua magnitude como uma função linear com ω. Esse é o único filtro que mantém o formato do sinal para ordens mais elevadas (porém com uma inclinação mais íngreme na banda atenuada), enquanto outros filtros (Bessel, Chebyshev, elíptico) têm formatos diferentes para ordens mais elevadas. Comparado com um filtro de Chebyshev do Tipo I ou II ou com um filtro elíptico, o filtro de Butterworth tem uma queda relativamente mais lenta e, assim, requer uma ordem maior para implantar uma dada especificação de banda rejeitada. No entanto, o filtro de Butterworth gera uma resposta em fase mais linear na banda passante do que os filtros de Chebyshev do Tipo I ou II ou elípticos (PETRY, 2011).

O filtro de Butterworth é definido como:

$$H_n(j\omega) = \frac{1}{\sqrt{1 + \left(\frac{\omega}{\omega_c}\right)^{2n}}} \qquad (36)$$

- n é a ordem do filtro;
- ω é a frequência angular do sinal em radianos por segundo;
- ω_c é a frequência de corte (frequência com ±3 dB de ganho).

3.3.7.2 Ensaios com filtro de Butterworth e FOPID

O filtro de Butterworth foi escolhido por ter uma queda relativamente mais lenta no sinal e apresentar uma resposta em fase mais linear na banda passante, quando comparado com os demais filtros, e portanto ajudando a não distorcer e não atenuar muito o sinal do medidor de vazão. É importante ressaltar que, nos testes iniciais, foram obtidas excelentes repostas, assim não havendo a necessidade de mais testes com outros filtros. Na Tabela 4 estão as ligações do Simulink com a placa NI PCI6229. O esquema do teste no Simulink é visto na Figura 35, a configuração do FOPID na Figura 36a e o filtro de Butterworth na Figura 36b. O valor dos parâmetros da Figura 35a foram encontrados pelo método de sintonia de Bhambani *et al.* (2008) com ajustes finos. Esse método é descrito nas seções posteriores, pois o intuito é mostrar a eficiência do filtro de Butterworth nos testes e o desempenho preliminar do FOPID em uma planta industrial.

Tabela 4 – Interface Simulink e NI

Endereço	Borne	Identificação	Serviço
AO0	J22/J55E	FV-11	Comando válvula teflon IP
AO1	J21/J54E	---	AI6 do SDCD (configurável)
AO2	J22/J55D	FV-13	Comando válvula perturbação
AO3	J21/J54D	FV-12	Comando válvula grafite IP
AI7	J57/GND	PDT15A	PDT teflon
AI15	J23/GND	PDT15B	PDT grafite
AI17	J32/J33D	PT-11	PT grafite FV-11
AI18	J64/J65D	ZT-11	LVDT grafite FV-11
AI20	J27/J28D	FT-10A	Medidor vazão analógico
AI21	J56/J60D	FIT-10V	Medidor vazão Coriolis / AO7 SDCD
AI22	J25/J29D	ZT-12	LVDT teflon FV-12
AI30	J58/J59D	PT-12	PT teflon FV-12

Fonte: o autor

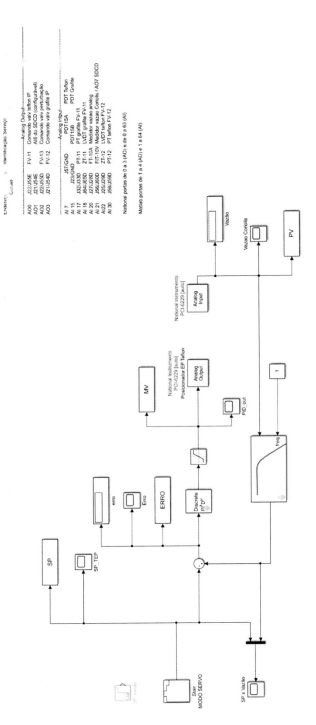

Figura 35 – Testes na planta-piloto de vazão com FOPID e filtro de Butterworth

Fonte: o autor

Figura 36 – Configuração dos parâmetros do FOPID (a) e do filtro de Butterworth (b)

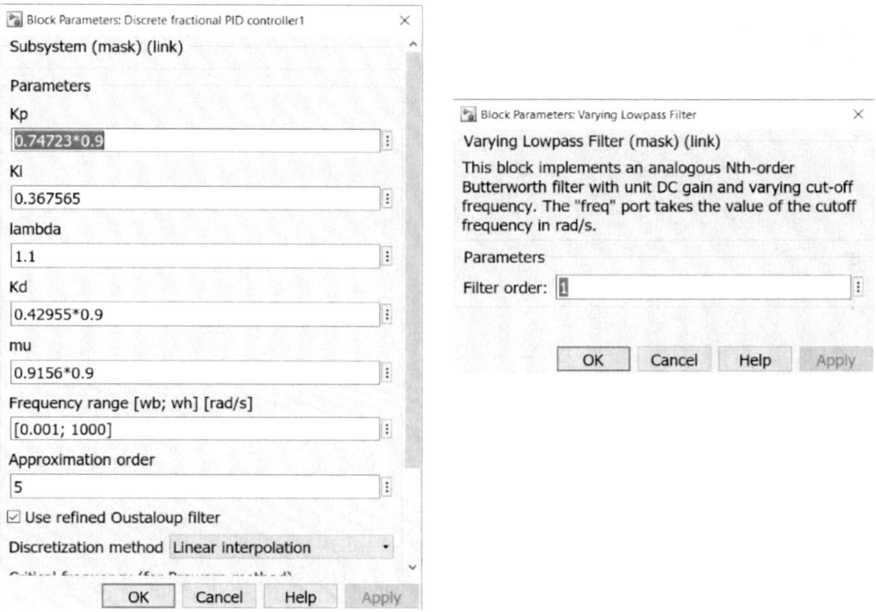

(a)   (b)

Fonte: o autor

Nos testes compararam-se as respostas usando filtros de Butterworth de 1ª, 2ª e 3ª ordem versus teste sem filtro, implementado o FOPID na planta-piloto de vazão e efetuando ensaios no modo servo com o SP variando nos instantes [0, 100, 200, 300, 400, 500] s e a vazão sendo alterada para [9, 10, 9, 8, 9] m^3/h. Foi usada a válvula com gaxetas de teflon, posicionador eletropneumático e vazão inicial de 9 m^3/h. Esse valor para o SP é devido a experimentos em que se observou que é uma região de resposta aproximadamente linear da planta. Os resultados obtidos são vistos na Figura 36. Nas seções a seguir são discutidas as regiões com respostas mais lineares e menos lineares da planta.

Figura 37 – FOPID com filtros de Butterworth de 1ª, 2ª e 3ª ordem e sem filtro

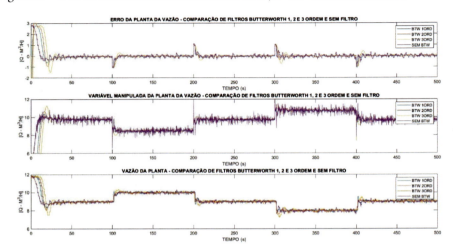

Fonte: o autor

Figura 38 – Desempenho dos filtros de Butterworth com FOPID para erro e M

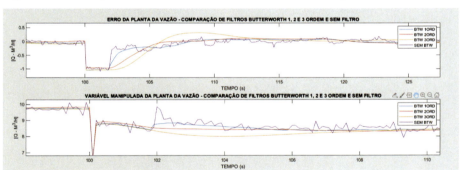

Fonte: o autor

Como previsto e relatado antes, no segundo gráfico (variável manipulada) da Figura 36 o sinal sem filtro é muito ruidoso; nos demais, a redução do ruído é irrefutável. Na Figura 37 comprova-se essa afirmação com a ampliação do sinal no gráfico: nota-se que no gráfico da variável manipulada há oscilações na faixa de 1 m^3/h e no gráfico do erro há oscilações de 0,5 m^3/h na resposta da planta sem filtro. Outro fator importante é que a resposta da planta com o filtro de primeira ordem tem o melhor desempenho, por ser o sinal mais próximo ao sinal sem filtro devido à pouca influência no incremento do atraso de transporte, quando comparado com as respostas com filtros de 2ª e 3ª ordem; portanto escolheu-se o filtro de primeira ordem para aplicar nos demais testes. Ressalta-se que a aplicação do filtro de Butterworth de primeira ordem teve um ótimo desempenho e pode ser aplicado em outros controladores para diminuir o ruído e melhorar o desempenho do controlador.

Portanto, as próximas etapas constituem em estimar o modelo aproximado da planta-piloto de vazão (FOPDT) e testes com métodos de sintonia para o FOPID.

4

ENSAIOS NA PLANTA-PILOTO DE VAZÃO PARA OBTER MODELOS APROXIMADOS

Antes de sintonizar o controlador FOPID, é preciso obter os modelos aproximados do processo de primeira ordem com tempo morto (FOPDT), pois há muitos modos de ajuste para o controlador FOPID que dependem do modelo da planta. Segundo Tepljakov (2011), o mais usado é o modelo de primeira ordem com tempo morto (FOPDT). Assim, neste capítulo se estimam modelos aproximados da planta.

4.1 MÉTODOS APROXIMADOS PARA EXTRAIR MODELOS DE PLANTAS INDUSTRIAIS

O conhecimento do comportamento dinâmico de um processo é muito útil para selecionar o tipo de controlador e seus ajustes mais adequados. Esse conhecimento normalmente deve ser traduzido na forma de um modelo do processo, que é o primeiro passo na análise de um sistema de controle. Uma vez obtido tal modelo, existem vários métodos disponíveis para análise de desempenho do sistema (GARCIA, 2017).

Segundo Aguirre (2015), a identificação de modelos de sistemas pode ser feita dos seguintes modos: identificação não paramétrica e paramétrica. A identificação não paramétrica gera modelos de baixa ordem. Os sinais usados para identificar sistemas são impulso (sinal pulso), degrau (sinal em DC), rampa (sinal inclinado), senoide (sinal seno), Pseudo-Random Binary Sequence (PRBS), Generalized Binary Noise (GBN) e outros. A identificação não paramétrica usa, basicamente, curvas de resposta ao degrau, impulso ou senoide. Os modelos extraídos por esse método são pouco precisos, porém para efetuar uma pré-sintonia de controladores PID ou até mesmo entender como é o comportamento do processo podem ser suficientes para atender a alguns requisitos de projeto. Neste trabalho se lida com a identificação não paramétrica, gerada por um sinal degrau na entrada.

No modelo FOPDT há três parâmetros a serem estimados: K, q e t.

- O ganho K é dado pela Equação (37):

$$K = \frac{\Delta S}{\Delta E} = \frac{\text{Variação do sinal de saída}}{\text{Variação do sinal de entrada}} \qquad (37)$$

- A constante de tempo τ é a constante de tempo dominante da planta quando atinge a saída atinge $1 - e^{-1} \cong 63,2\%$ do valor total da variação na saída.

- O tempo morto θ calculado como o tempo entre o instante de aplicação do degrau e o instante que o sinal de saída começa a reagir.

A função de transferência do sistema é dada pela Equação (38):

$$G(s)_{planta} = \frac{Ke^{-\theta s}}{\tau s + 1} \qquad (38)$$

Outro fator importante é a incontrolabilidade, definida pela Equação (39):

$$F_c = \theta/\tau \qquad (39)$$

Segundo Garcia (2017), o fator F_c indica a qualidade do controle que se pode esperar e quanto maior for F_c será mais difícil controlar o processo.

4.1.1 Testes na planta-piloto de vazão com posicionador eletropneumático para obter o FOPDT

Os testes ocorreram com degraus em torno da vazão de 9 m³/h (5 V) com o posicionador eletropneumático sendo usado nas válvulas de controle com gaxetas de teflon (baixo atrito) e de grafite (alto atrito). Os sinais de entrada estão em Volts com degraus de ±0,5V e ±1,0V em torno de 5V em malha aberta (MA). O circuito hidráulico parte com 5V ou 9 m³/h, vazão gerada pelo conjunto motobomba + inversor de frequência com as válvulas abertas. A modelagem do sistema foi feita em Volts, mas para visualizar em unidade de vazão multiplicam-se os valores em Volts por 1,8 e o resultado é mostrado em m³/h.

Para cada ajuste do sinal de entrada e tipo de válvula (alto e baixo atrito), foram realizados dois testes para conhecer os valores médios de *K*, *θ* e *t*. Esses ensaios foram feitos para confirmar se os valores medidos realmente são similares ou próximos. Outro detalhe importante é que alguns dados foram coletados em dias diferentes (Tabelas 6, 7, 9 e 10), gerando, assim, mais confiabilidade do modelo obtido, ou seja, foram realizados dois ensaios para se obter a média das médias de dois ensaios, tanto para a válvula com gaxetas de teflon como de grafite. Os sinais de entrada em malha aberta foram selecionados para chegar em um modelo próximo à região de linearidade da planta. Assim, tem-se o modelo para a válvula de controle com gaxetas de teflon e de grafite com a região de atuação de 5±0,5 V e 5±1,0 V ou 9±0,9 m³/h e 9±1.8 m³/h. Os modelos resultantes aparecem na Equação (40) conforme a Tabela 7 para a válvula com gaxetas de teflon e na Equação (41) conforme a Tabela 10 para a válvula com gaxetas de grafite.

$$G(s)_{Teflon} = \frac{0,615 e^{-2s}}{2,1s+1} \quad (40)$$

$$G(s)_{Grafite} = \frac{0,68 e^{-2,1s}}{2,5s+1} \quad (41)$$

Para o levantamento dos dados das Tabelas 5, 6, 7, 8, 9 e 10, foram analisadas as curvas de reação de cada degrau aplicado na planta, que geraram os gráficos das Figuras 40, 41 e 42. Nessas tabelas o tempo morto *θ* deve ser obtido baseado em uma análise gráfica, o ganho estático *K* deve ser calculado pela Equação (37) e *t* deve ser calculado com base na variação de 63,2% do sinal medido.

Tabela 5 – Degrau de ± 0,5 V na válvula com gaxetas de teflon eletropneumático

	Vazão Inicial [V]	Vazão Final [V]	Set-Point Inicial [V]	Set-Point Final [V]	Tempo Morto [s]	K	Tau [s]	Ponto de vazão do tau [V]
\multicolumn{9}{c}{TESTES REALIZADOS NO DIA 09 DE DEZEMBRO DE 2020 – 12h}
Degrau 1	6,473	5,124	0	5	2,9	-0,2698	3,2	5,621781
Degrau 2	5,124	4,634	5	5,5	2,1	-0,98	1,8	4,81481

TESTES REALIZADOS NO DIA 09 DE DEZEMBRO DE 2020 – 12h

	Vazão Inicial [V]	Vazão Final [V]	Set-Point Inicial [V]	Set-Point Final [V]	Tempo Morto [s]	K	Tau [s]	Ponto de vazão do tau [V]
Degrau 3	4,634	4,064	5,5	6	1,7	-1,14	1,8	4,27433
Degrau 4	4,064	3,483	6	6,5	1,7	-1,162	1,8	3,697389
Degrau 5	3,483	4,010	6,5	6	2	-1,054	2,1	3,815537
Degrau 6	4,010	4,539	6	5,5	1,7	-1,058	1,8	4,343799
Degrau 7	4,539	5,005	5,5	5	1,7	-0,932	1,9	4,833046
Degrau 8	5,005	5,471	5	4,5	2,1	-0,932	2,3	5,299046
Degrau 9	5,471	5,766	4,5	4	1,7	-0,59	1,9	5,657145
Degrau 10	5,766	6,040	4	3,5	1,6	-0,548	1,9	5,938894
Degrau 11	6,040	6,186	3,5	3	1,8	-0,292	1,7	6,132126
Degrau 12	6,186	6,330	3	2,5	1,6	-0,288	1,6	6,276864
Degrau 13	6,330	6,220	2,5	3	2,9	-0,22	2	6,26059
Degrau 14	6,222	6,058	3	3,5	2,1	-0,328	1,9	6,118516
Degrau 15	6,058	5,847	3,5	4	1,7	-0,422	2,1	5,924859
Degrau 16	5,847	5,500	4	4,5	1,7	-0,694	2,3	5,628043
				Média	1,94	-0,68	1,96	

TESTES REALIZADOS NO DIA 09 DE DEZEMBRO DE 2020 – 13h

	Vazão Inicial [V]	Vazão Final [V]	Set-Point Inicial [V]	Set-Point Final [V]	Tempo Morto [s]	K	Tau [s]	Ponto de vazão do tau [V]
Degrau 1	6,563	5,505	0	5	3	-0,2116	3,6	5,895402
Degrau 2	5,505	5,076	5	5,5	2,2	-0,858	2,3	5,234301
Degrau 3	5,076	4,603	5,5	6	1,8	-0,946	1,9	4,777537
Degrau 4	4,603	4,056	6	6,5	1,8	-1,094	1,9	4,257843
Degrau 5	4,056	4,567	6,5	6	2,1	-1,022	2,2	4,378441
Degrau 6	4,567	5,035	6	5,5	1,8	-0,936	1,9	4,862308
Degrau 7	5,035	5,433	5,5	5	1,8	-0,796	1,8	5,286138
Degrau 8	5,433	5,741	5	4,5	2,1	-0,616	2,3	5,627348
Degrau 9	5,741	6,034	4,5	4	1,8	-0,586	1,9	5,925883

TESTES REALIZADOS NO DIA 09 DE DEZEMBRO DE 2020 – 13h								
	Vazão Inicial [V]	Vazão Final [V]	Set-Point Inicial [V]	Set-Point Final [V]	Tempo Morto [s]	K	Tau [s]	Ponto de vazão do tau [V]
Degrau 10	6,034	6,184	4	3,5	1,8	-0,3	1,9	6,12865
Degrau 11	6,184	6,365	3,5	3	2,2	-0,362	2,3	6,298211
Degrau 12	6,365	6,428	3	2,5	1,8	-0,126	1,9	6,404753
Degrau 13	6,428	6,332	2,5	3	2,8	-0,192	3	6,367424
Degrau 14	6,322	6,228	3	3,5	2,1	-0,188	2,2	6,262686
Degrau 15	6,228	6,047	3,5	4	1,8	-0,362	1,9	6,113789
Degrau 16	6,047	5,798	4	4,5		-0,498	2,2	5,889881
				Média	2,06	-0,57	2,20	

Fonte: o autor

Tabela 6 – Degrau de ±1 V na válvula com gaxetas de teflon eletropneumático

TESTES REALIZADOS NO DIA 09 DE DEZEMBRO DE 2020 – 9h								
	Vazão Inicial [V]	Vazão Final [V]	Set-Point Inicial [V]	Set-Point Final [V]	Tempo Morto [s]	K	Tau [s]	Ponto de vazão do tau [V]
Degrau 1	5,489	4,571	5	6	2	-0,918	2,1	4,908824
Degrau 2	4,571	3,46	6	7	2,1	-1,111	2,2	3,868848
Degrau 3	3,46	4,483	7	6	2	-1,023	2,1	4,106536
Degrau 4	4,483	5,358	6	5	2	-0,875	2,1	5,036
Degrau 5	5,358	6,002	5	4	2	-0,644	2,1	5,765008
Degrau 6	6,002	6,362	4	3	2	-0,36	2,1	6,22,52
Degrau 7	6,362	6,464	3	2	2	-0,102	2,1	6,426464
Degrau 8	6,464	6,335	2	3	2,1	-0,129	2,1	6,382472
Degrau 9	6,335	6,03	3	4	2	-0,305	2,2	6,14224
Degrau 10	6,03	5,4	4	5	2	-0,63	2,1	5,63184
				Média	2,02	-0,6096	2,1	

TESTES REALIZADOS NO DIA 14 DE DEZEMBRO DE 2020 – 10h

	Vazão Inicial [V]	Vazão Final [V]	Set-Point Inicial [V]	Set-Point Final [V]	Tempo Morto[s]	K	Tau [s]	Ponto de vazão do tau [V]
Degrau 1	5,486	4,617	5	6	2,1	-0,869	2,4	4,936792
Degrau 2	4,617	3,502	6	7	1,8	-1,115	1,9	3,91232
Degrau 3	3,502	4,489	7	6	1,8	-0,987	1,9	4,125784
Degrau 4	4,489	5,409	6	5	2,2	-0,92	2,3	5,07044
Degrau 5	5,409	6,067	5	4	1,8	-0,658	1,9	5,824856
Degrau 6	6,067	6,332	4	3	1,8	-0,265	1,9	6,23448
Degrau 7	6,332	6,494	3	2	2,2	-0,162	2,3	6,434384
Degrau 8	6,494	6,37	2	3	1,8	-0,124	1,9	6,415632
Degrau 9	6,37	6,089	3	4	2,2	-0,281	2,3	6,192408
Degrau 10	6,089	5,476	4	5	2,2	-0,613	2,3	5,701584
				Média	1,99	-0,5994	2,11	

Fonte: o autor

Tabela 7 – Média dos valores com degraus de ±1 V e ±0,5 V na válvula com gaxetas de teflon eletropneumático

	θ [s]	K	τ [s]	Fator de Incontrolabilidade θ/τ
Média 0,5V	2	0,625	2,08	0,961538462
Média 1,0V	2,005	0,60455	2,12	0,945754717
Média 0,5 e 1V	2,0025	0,614775	2,1	0,953646589

Fonte: o autor

Tabela 8 – Degrau de ±0,5 V na válvula com gaxetas de grafite eletropneumático

TESTES REALIZADOS NO DIA 9 DE DEZEMBRO DE 2020 – 11h

	Vazão Inicial [V]	Vazão Final [V]	Set-Point Inicial [V]	Set-Point Final [V]	Tempo Morto [s]	K	Tau [s]	Ponto de vazão do tau
Degrau 1	5,100	4,636	5	5,5	2	-0,928	2,8	4,806752
Degrau 2	4,636	4,171	5,5	6	1,3	-0,93	2,4	4,34212

TESTES REALIZADOS NO DIA 9 DE DEZEMBRO DE 2020 – 11h

	Vazão Inicial [V]	Vazão Final [V]	Set-Point Inicial [V]	Set-Point Final [V]	Tempo Morto [s]	K	Tau [s]	Ponto de vazão do tau
Degrau 3	4,171	3,595	6	6,5	1,5	-1,152	2,8	3,806968
Degrau 4	3,595	4,127	6,5	6	2,7	-1,064	2,8	3,931224
Degrau 5	4,172	4,596	6	5,5	1,5	-0,848	2,4	4,439968
Degrau 6	4,596	5,042	5,5	5	2,6	-0,892	2,8	4,877872
Degrau 7	5,042	5,434	5	4,5	1,5	-0,784	2,8	5,289744
Degrau 8	5,434	5,727	4,5	4	2,1	-0,586	2,4	5,619176
Degrau 9	5,727	6,023	4	3,5	2,2	-0,592	2,8	5,914072
Degrau 10	6,023	6,185	3,5	3	1,9	-0,324	2,7	6,125384
Degrau 11	6,185	6,358	3	2,5	1,6	-0,346	2,3	6,294 36
Degrau 12	6,358	6,267	2,5	3	2,7	-0,182	2,8	6,300488
Degrau 13	6,267	6,069	3	3,5	1,9	-0,396	2,5	6,141864
Degrau 14	6,069	5,800	3,5	4	1,7	-0,538	2,1	5,898992
Degrau 15	5,800	5,464	4	4,5	1,6	-0,672	2,7	5,587648
Degrau 16	5,464	5,147	4,5	5	1,5	-0,634	2,7	5,263656
				Média	1,89	-0,68	2,61	

TESTES REALIZADOS NO DIA 14 DE DEZEMBRO DE 2020 – 13h

	Vazão Inicial [V]	Vazão Final [V]	Set-Point Inicial [V]	Set-Point Final [V]	Tempo Morto [s]	K	Tau [s]	Ponto de vazão do tau
Degrau 1	5,158	4,693	5	5,5	2,9	-0,93	3	4,86412
Degrau 2	4,693	4,243	5,5	6	2,7	-0,9	2,9	4,4086
Degrau 3	4,243	3,651	6	6,5	2,9	-1,184	3	3,868856
Degrau 4	3,651	4,170	6,5	6	1,7	-1,038	2,9	3,979008
Degrau 5	4,170	4,643	6	5,5	1,2	-0,946	2,8	4,468936
Degrau 6	4,643	5,042	5,5	5	2,6	-0,798	2,8	4,895168
Degrau 7	5,042	5,437	5	4,5	2,5	-0,79	3	5,29164
Degrau 8	5,437	5,794	4,5	4	1,5	-0,714	2,9	5,662624
Degrau 9	5,794	6,082	4	3,5	1,5	-0,576	2,9	5,976016

TESTES REALIZADOS NO DIA 14 DE DEZEMBRO DE 2020 – 13h								
	Vazão Inicial [V]	Vazão Final [V]	Set--Point Inicial [V]	Set--Point Final [V]	Tempo Morto [s]	K	Tau [s]	Ponto de vazão do tau
Degrau 10	6,082	6,258	3,5	3	1,7	-0,352	2,9	6,193232
Degrau 11	6,258	6,372	3	2,5	1,6	-0,228	1,8	6,330048
Degrau 12	6,372	6,216	2,5	3	2,9	-0,312	3	6,273408
Degrau 13	6,216	6,062	3	3,5	2,9	-0,308	3	6,118672
Degrau 14	6,062	5,837	3,5	4	2,7	-0,45	2,8	5,9198
Degrau 15	5,837	5,455	4	4,5	2,9	-0,764	3	5,595576
Degrau 16	5,455	5,175	4,5	5	2,9	-0,56	3	5,27804
					Média	2,32	-0,68	2,86

Fonte: o autor

Tabela 9 – Degrau de ±1V na válvula com gaxetas de grafite eletropneumático

TESTES REALIZADOS NO DIA 09 DE DEZEMBRO DE 2020 – 12h								
	Vazão Inicial [V]	Vazão Final [V]	Set--Point Inicial [V]	Set--Point Final [V]	Tempo Morto[s]	K	Tau [s]	Ponto de vazão do tau [V]
Degrau 1	5,092	4,118	5	6	1,8	-0,976	1,9	4,475168
Degrau 2	4,118	3,025	6	7	2,2	-1,091	1,4	3,426488
Degrau 3	3,025	4,078	7	6	2,1	-1,053	2,7	3,690496
Degrau 4	4,078	5,073	6	5	1,8	-0,995	1,9	4,70684
Degrau 5	5,073	5,693	5	4	2,1	-0,62	2,4	5,46484
Degrau 6	5,693	6,217	4	3	2,2	-0,524	2,3	6,024168
Degrau 7	6,217	6,465	3	2	1,8	-0,248	1,9	6,373736
Degrau 8	6,465	6,253	2	3	2,1	-0,212	2,3	6,331016
Degrau 9	6,253	5,79	3	4	2,2	-0,463	2,2	5,960384
Degrau 10	5,79	5,114	4	5	1,8	-0,676	1,9	5,362768
					Média	1,827272727	-0,6858	2,09

TESTES REALIZADOS NO DIA 13 DE DEZEMBRO DE 2020 – 16h								
	Vazão Inicial [V]	Vazão Final [V]	Set-Point Inicial [V]	Set-Point Final [V]	Tempo Morto[s]	K	Tau [s]	Ponto de vazão do tau [V]
Degrau 1	5,174	4,208	5	6	1,7	-0,966	1,8	4,563488
Degrau 2	4,208	3,099	6	7	2,7	-1,109	2,8	3,507112
Degrau 3	3,099	4,058	7	6	2,3	-0,959		
Degrau 4	4,058	5,037	6	5	1,5	-0,979	1,7	4,676728
Degrau 5	5,037	5,801	5	4	2,7	-0,764	2,8	5,519848
Degrau 6	5,801	6,236	4	3	2,7	-0,435	2,8	6,07592
Degrau 7	6,236	6,421	3	2	2,7	-0,185	2,8	6,35292
Degrau 8	6,421	6,197	2	3	2,6	-0,224	2,7	6,279432
Degrau 9	6,197	5,848	3	4	2,7	-0,349	2,8	5,976432
Degrau 10	5,848	5,114	4	5	2,6	-0,734	2,8	5,384112
				Média	2,42	-0,6704	2,54	

Fonte: o autor

Tabela 10 – Média dos valores com degraus de ±1 V e ±0,5 V na válvula com gaxetas de grafite eletropneumático

	θ [s]	K	τ [s]	Fator de incontrolabilidade θ/τ
Média 0,5V	2,105	0,68	2,735	0,769652651
Média 1,0V	2,12	0,6781	2,27	0,933920705
Média 0,5 e 1V	2,1125	0,67905	2,5025	0,851786678

Fonte: o autor

Figura 39 – Válvula com gaxetas de teflon com abertura de 5V ±5% eletropneumático

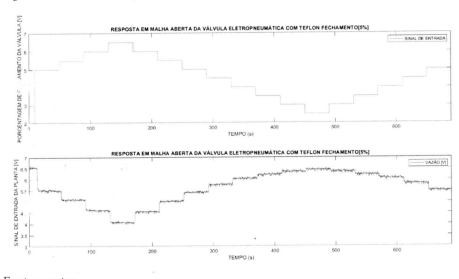

Fonte: o autor

Figura 40 – Válvula com gaxetas de teflon com abertura de 5V ±10% eletropneumático

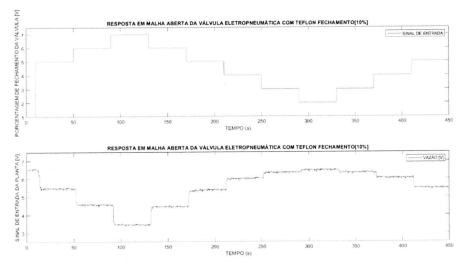

Fonte: o autor

Figura 41 – Válvula com gaxetas de grafite com abertura de 5V ±5% eletropneumático

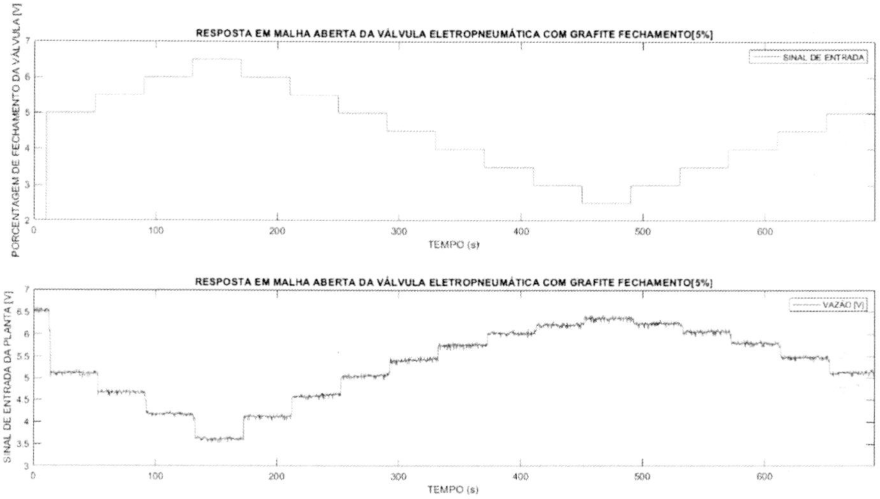

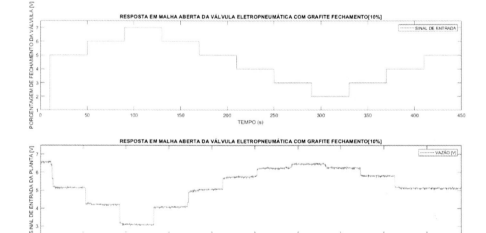

Fonte: o autor

Figura 42 – Válvula com gaxetas de grafite com abertura de 10±1% eletropneumático

Fonte: o autor

Analisando-se a Figura 43, nota-se que os dados são muito ruidosos, assim, optou-se por filtrar os sinais com o filtro de Butterworth de primeira ordem para obter dados mais limpos, conforme a Figura 44.

Figura 43 – Válvula com gaxetas de grafite sem filtro de Butterworth eletropneumático

Fonte: o autor

Figura 44 – Válvula com gaxetas de grafite com filtro de Butterworth eletropneumático

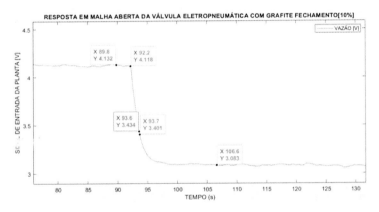

Fonte: o autor

Analisando a Figura 44 e comparando com os dados da Tabela 10, nota-se que o modelo obtido é adequado, conforme comparação a seguir, e o uso do filtro de Butterworth foi uma boa opção para reduzir o ruído e melhor visualizar os dados. Os sinais inseridos são aproximados, pois não é possível obter valores com números exatos devido às circunstâncias de operação do sistema: com a taxa de amostragem de 0,1s, por exemplo, a constante de tempo τ de vazão não é possível visualizar com o valor exato de 3,42V, mas, sim, em torno dele, que fica entre 3,434V e 3,401V, então se tem um valor aproximado. Esse método foi aplicado para os demais valores.

- degrau: 6V ® 7V
- vazão inicial: 4,118 V
- vazão final: 3,025 V

- tempo morto: 2,2 s
- K: -1,091
- τ: 1,4 s
- valor da vazão no tempo τ: 3,42 V

Nota-se que nas regiões em que o fechamento da válvula é menor, ou seja, a vazão é maior (no intervalo entre 200 s a 400 s), em todos os casos das válvulas de teflon e grafite, com 5±0,5% e 10±1% de abertura, a planta responde de modo não linear, portanto nessas regiões a dinâmica da planta é diferenciada.

A próxima etapa é a validação do modelo levantado nos ensaios realizados.

4.1.2 Validação dos modelos aproximados FOPDT da planta de vazão com posicionador eletropneumático

Para a validação dos modelos, foram usados os parâmetros da Equação (36) da Tabela 7 para a válvula com gaxetas de teflon e da Tabela 10 para a válvula com gaxetas de grafite. Para executar a simulação, montou-se no Simulink, por meio dos parâmetros do FOPDT, o modelo da planta para as válvulas com gaxetas de grafite e de teflon, acionadas pelo posicionador eletropneumático. Na Figura 45 aparece o diagrama de simulação da válvula com gaxetas de teflon e o resultado da simulação encontra-se na Figura 46. A análise é feita com os sinais de entrada ±0,5V e ±1,0V em torno de 5V em malha aberta (MA). O circuito hidráulico parte de 5 V ou 9 m^3/h.

Figura 45 – Simulação no Simulink do modelo teflon EP

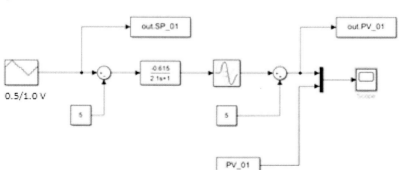

Fonte: o autor

Foram usados os comandos FIT e compare do Matlab para avaliar a qualidade do modelo (valores apresentados nas seções posteriores).

Para a válvula com gaxetas de grafite, a Figura 47 é o ambiente de simulação e a Figura 48 exibe o resultado da simulação.

Figura 46 – Resultado da simulação no Simulink do modelo teflon EP

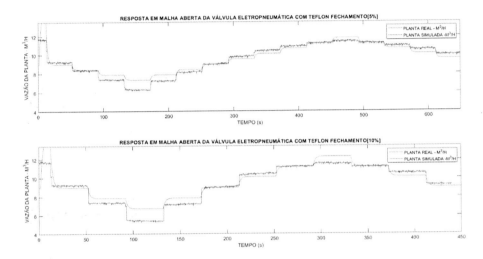

Fonte: o autor

Figura 47 – Simulação no Simulink do modelo grafite EP

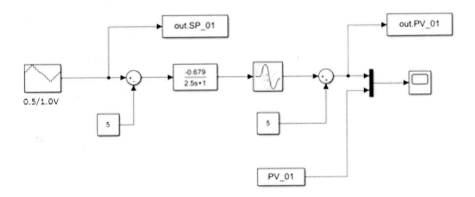

Fonte: o autor

Figura 48 – Resultado da simulação no Simulink do modelo grafite EP

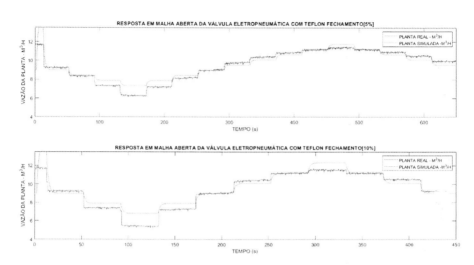

Fonte: o autor

Pelas Figuras 49 e 50 é possível afirmar que os modelos têm respostas compatíveis com a da planta real.

Outro modo de validação foi usar a função goodnessOfFit do Matlab, que compara os dados reais com os simulados (MATHWORKS, 2020). Para calcular o FIT é necessária uma função custo e a eleita foi a Normalized root mean squared error (NRMSE), que é a mesma da função compare. A função custo é dada pela Equação (42):

$$custo(i) = \frac{|xref(i)-x(i)|}{|xref(i)-mean(x(i))|} \quad (42)$$

- $xref(i)$ é o vetor que contém os dados reais de processo;
- $x(i)$ é o vetor que contém o modelo de validação;
- $mean(x(i))$ é a função que extrai a média dos valores de $x(i)$;
- i representa cada elemento da amostra, com $i=1, ..., N$, sendo N o número de amostras.

Como o valor retornado pela função goodnessOfFit não é em porcentagem, é necessário fazer a conversão utilizando a Equação (43).

$$\text{fit}(i) = 100.(1 - \text{custo}(i)) \qquad (43)$$

A função compare do Matlab realiza o cálculo do FIT usando a função de custo NRMSE, porém uma grande vantagem da função é que, após a comparação, ela ilustra os valores obtidos em ensaios reais com os do modelo aproximado, além de fornecer o FIT. Assim, foi criado um programa em Matlab para calcular o FIT e comparar o sistema real com o identificado. Nas Figuras 51 a 54 e 52 a 57 estão os dados do sistema real e do modelo para os seguintes casos:

- teflon eletropneumático com variação de 5,0V ±0,5V ou ±5% de fechamento da válvula;
- teflon eletropneumático com variação de 5,0V ±1,0V ou ±10% de fechamento da válvula;
- grafite eletropneumático com variação de 5,0V ±0,5V ou ±5% de fechamento da válvula;
- grafite eletropneumático com variação de 5,0V ±1,0 V ou ±10% de fechamento da válvula.

Figura 49 – Teflon eletropneumático com variação de 5V ±0,5V ou ±5% de fechamento da válvula

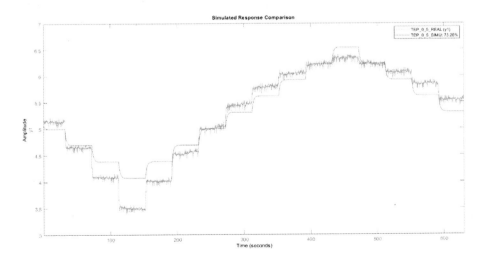

Fonte: o autor

Figura 50 – Teflon eletropneumático com variação de 5V ±1,0 V ou ±10% de fechamento da válvula

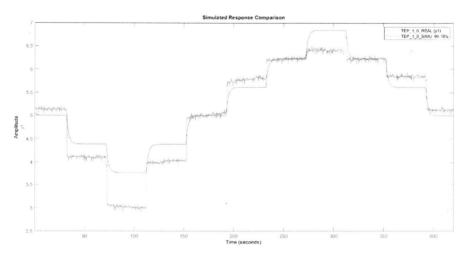

Fonte: o autor

Figura 51 – Grafite eletropneumático com variação de 5V ±0,5V ou ±5% de fechamento da válvula

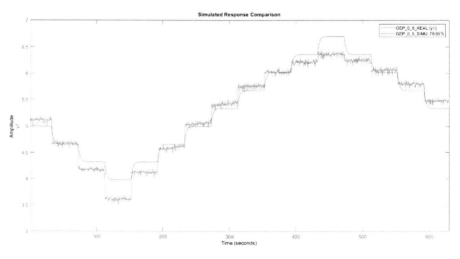

Fonte: o autor

Figura 52 – Grafite eletropneumático com variação de 5V ±1,0 V ou ±10% de fechamento da válvula

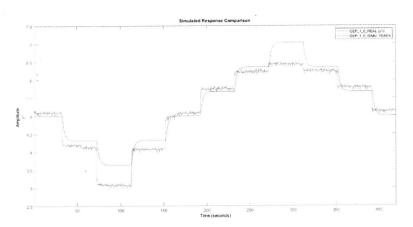

Fonte: o autor

Na Tabela 11 estão os dados compactados para análise.

Tabela 11 – Resultados do índice FIT – goodnessOfFit/Compare eletropneumático

Característica do modelo	FIT – goodnessOfFit/Compare [%]
Teflon eletropneumático com variação de 5V +/- 0.5 V ou +/- 0.5% de fechamento da válvula	73,26
Teflon eletropneumático com variação de 5V +/- 1.0V ou +/- 1.0% de fechamento da válvula	69,18
Média teflon	71,22
Grafite eletropneumático com variação de 5V +/- 0.5 V ou +/- 0.5% de fechamento da válvula	79,95
Grafite eletropneumático com variação de 5V +/- 0.5 V ou +/- 1.0% de fechamento da válvula	70,88
Média grafite	75,42

Fonte: o autor

Os índices FIT obtidos são 71,22% para a válvula com gaxetas de teflon e 75,42% para a válvula com gaxetas de grafite. Com esses modelos identificados de primeira ordem com tempo morto, é possível parametrizar o controlador FOPID para as válvulas com as características supracitadas.

4.1.3 Testes na planta-piloto de vazão com posicionador digital (Foundation Fieldbus) para obter o FOPDT

Para obter os modelos matemáticos de representação com o posicionador digital (FF) foram usados os mesmos métodos citados nas subseções 4.1.1 e 4.1.2, respectivamente. Assim, para gerar os modelos para as válvulas com baixo e alto atrito, teflon e grafite, conforme Equação (42) e Equação (43) e as Tabelas 12, 13, 15 e 16, foram coletados os dados das válvulas supracitadas. Nas Tabelas 14 e 17 são fornecidas as médias dos degraus de ±0,5V e ±1,0V em torno de 5V em malha aberta (MA).

$$G(s)_{Teflon} = \frac{0,613e^{-3,3s}}{4,32s+1} \qquad (42)$$

$$G(s)_{Grafite} = \frac{0,603e^{-3,2s}}{4,53s+1} \qquad (43)$$

Tabela 12 – Degrau de ± 0,5 V na válvula com gaxetas de teflon FF

TESTES REALIZADOS NO DIA 14 DE JULHO DE 2021 – 7h								
	Vazão Inicial [V]	Vazão Final [V]	Set-Point Inicial [V]	Set-Point Final [V]	Tempo Morto [s]	K	Tau [s]	Ponto de vazão do tau [V]
Degrau 1	4,917	4,52	5	5,5	3,6	-0,794	4,4	4,666096
Degrau 2	4,52	4,013	5,5	6	4,6	-1,014	4,4	4,199576
Degrau 3	4,013	3,434	6	6,5	3,6	-1,158	4,5	3,647072
Degrau 4	3,434	4,018	6,5	6	3,5	-1,168	4,8	3,803088
Degrau 5	4,018	4,576	6	5,5	3,6	-1,116	4,8	4,370656
Degrau 6	4,576	5,016	5,5	5	3,5	-0,88	4,7	4,85408
Degrau 7	5,016	5,419	5	4,5	3,5	-0,806	4,7	5,270696
Degrau 8	5,419	5,691	4,5	4	3,3	-0,544	4,8	5,590904
Degrau 9	5,691	5,914	4	3,5	3,6	-0,446	4,8	5,831936
Degrau 10	5,914	6,049	3,5	3	3,6	-0,27	4,4	5,99932
Degrau 11	6,049	6,163	3	2,5	3,4	-0,228	5,3	6,121048
Degrau 12	6,163	6,062	2,5	3	3,5	-0,202	4,4	6,099168

TESTES REALIZADOS NO DIA 14 DE JULHO DE 2021 – 7h

	Vazão Inicial [V]	Vazão Final [V]	Set-Point Inicial [V]	Set-Point Final [V]	Tempo Morto [s]	K	Tau [s]	Ponto de vazão do tau [V]
Degrau 13	6,062	5,935	3	3,5	3,6	-0,254	4,1	5,981736
Degrau 14	5,935	5,73	3,5	4	3,6	-0,41	4,8	5,80544
Degrau 15	5,73	5,488	4	4,5	3,6	-0,484	4,7	5,577056
Degrau 16	5,488	5,103	4,5	5	5,5	-0,77	4,4	5,24468
				Média	3,72	-0,65	4,63	

TESTES REALIZADOS NO DIA 20 DE JULHO DE 2021 – 7h

	Vazão Inicial [V]	Vazão Final [V]	Set-Point Inicial [V]	Set-Point Final [V]	Tempo Morto [s]	K	Tau [s]	Ponto de vazão do tau [V]
Degrau 1	5,222	4,836	5	5,5	2,9	-0,772	3,7	4,978048
Degrau 2	4,836	4,368	5,5	6	2,7	-0,936	3,8	4,540224
Degrau 3	4,368	3,824	6	6,5	2,9	-1,088	3,8	4,024192
Degrau 4	3,824	4,339	6,5	6	2,9	-1,03	4	4,14948
Degrau 5	4,339	4,767	6	5,5	2,8	-0,856	3,9	4,609496
Degrau 6	4,767	5,182	5,5	5	2,9	-0,83	3,9	5,02928
Degrau 7	5,182	5,52	5	4,5	2,9	-0,676	4	5,395616
Degrau 8	5,52	5,758	4,5	4	2,9	-0,476	3,4	5,670416
Degrau 9	5,758	5,955	4	3,5	2,9	-0,394	4	5,882504
Degrau 10	5,955	6,076	3,5	3	2,9	-0,242	4,1	6,031472
Degrau 11	6,076	6,181	3	2,5	3,2	-0,21	4,3	6,14236
Degrau 12	6,181	6,104	2,5	3	2,8	-0,154	3,9	6,132336
Degrau 13	6,104	5,964	3	3,5	2,9	-0,28	4	6,01552
Degrau 14	5,964	5,773	3,5	4	2,9	-0,382	3,9	5,843288
Degrau 15	5,773	5,54	4	4,5	2,9	-0,466	4,1	5,625744
Degrau 16	5,54	5,21	4,5	5	2,9	-0,66	3,7	5,33144
				Média	2,89	-0,59	3,91	

Fonte: o autor

Tabela 13 – Degrau de ±1V na válvula com gaxetas de teflon FF

TESTES REALIZADOS NO DIA 14 DE JULHO DE 2021 – 10h								
	Vazão Inicial [V]	Vazão Final [V]	Set-Point Inicial [V]	Set-Point Final [V]	Tempo Morto [s]	K	Tau [s]	Ponto de vazão do tau [V]
Degrau 1	5,121	4,246	5	6	3,2	-0,875	4,2	4,568
Degrau 2	4,246	3,184	6	7	3,3	-1,062	4,4	3,574816
Degrau 3	3,184	4,204	7	6	3,2	-1,02	4,4	3,82864
Degrau 4	4,204	5,124	6	5	3,3	-0,92	4,4	4,78544
Degrau 5	5,124	5,733	5	4	3,3	-0,609	4,4	5,508888
Degrau 6	5,733	6,082	4	3	3,3	-0,349	4,3	5,953568
Degrau 7	6,082	6,230	3	2	3,3	-0,148	4,3	6,175536
Degrau 8	6,23	6,082	2	3	3,3	-0,148	5	6,136464
Degrau 9	6,082	5,759	3	4	3,3	-0,323	4,4	5,877864
Degrau 10	5,759	5,143	4	5	3,3	-0,616	4,3	5,369688
					Média 3,28	-0,61	4,41	

TESTES REALIZADOS NO DIA 20 DE JULHO DE 2021 – 10h								
	Vazão Inicial [V]	Vazão Final [V]	Set-Point Inicial [V]	Set-Point Final [V]	Tempo Morto [s]	K	Tau [s]	Ponto de vazão do tau [V]
Degrau 1	5,18	4,347	5	6	3,5	-0,833	4,5	4,653544
Degrau 2	4,347	3,240	6	7	3,5	-1,107	4,5	3,647376
Degrau 3	3,240	4,317	7	6	2,3	-1,077	3,6	3,920664
Degrau 4	4,317	5,169	6	5	3,5	-0,852	4,7	4,855464
Degrau 5	5,169	5,775	5	4	3,5	-0,606	4,7	5,551992
Degrau 6	5,775	6,077	4	3	3,7	-0,302	3,3	5,965664
Degrau 7	6,077	6,227	3	2	3,5	-0,15	5,3	6,17 18
Degrau 8	6,227	6,088	2	3	3,5	-0,139	4,8	6,139152
Degrau 9	6,088	5,773	3	4	2,3	-0,315	3,4	5,88892
Degrau 10	5,773	5,194	4	5	3,5	-0,579	4,5	5,407072
					Média 3,28	-0,60	4,33	

Fonte: o autor

Tabela 14 – Média dos valores com degraus de ±1 V e ±0,5 V na válvula com gaxetas de teflon FF

	θ [s]	K	τ [s]	Fator de incontrolabilidade θ/τ
Média 0,5V	3,305	0,62	4,27	0,774004683
Média 1,0V	3,28	0,605	4,37	0,750572082
Média 0,5 e 1V	3,292	0,613	4,32	0,762288383

Fonte: o autor

Tabela 15 – Degrau de ± 0,5 V na válvula com gaxetas de grafite FF

TESTES REALIZADOS NO DIA 14 DE JULHO DE 2021 – 12h								
	Vazão Inicial [V]	Vazão Final [V]	Set-Point Inicial [V]	Set-Point Final [V]	Tempo Morto [s]	K	Tau [s]	Ponto de vazão do tau [V]
Degrau 1	5,112	4,775	5,00	5,50	3,50	-0,674	4,800	4,899016
Degrau 2	4,775	4,324	5,50	6,00	3,50	-0,902	4,800	4,489968
Degrau 3	4,324	3,770	6,00	6,50	3,60	-1,108	4,900	3,973872
Degrau 4	3,770	4,332	6,50	6,00	3,50	-1,124	4,600	4,125184
Degrau 5	4,332	4,778	6,00	5,50	3,50	-0,892	5,000	4,613872
Degrau 6	4,778	5,138	5,50	5,00	3,50	-0,720	4,700	5,00552
Degrau 7	5,138	5,476	5,00	4,50	3,50	-0,676	4,900	5,351616
Degrau 8	5,476	5,743	4,50	4,00	3,50	-0,534	4,700	5,644744
Degrau 9	5,743	5,945	4,00	3,50	3,50	-0,404	4,900	5,870664
Degrau 10	5,945	6,082	3,50	3,00	3,40	-0,274	4,800	6,031584
Degrau 11	6,082	6,181	3,00	2,50	3,60	-0,198	5,700	6,144568
Degrau 12	6,181	6,071	2,50	3,00	3,60	-0,220	4,700	6,11148
Degrau 13	6,071	5,936	3,00	3,50	3,40	-0,270	4,400	5,98568
Degrau 14	5,936	5,731	3,50	4,00	3,40	-0,410	4,600	5,80644
Degrau 15	5,731	5,455	4,00	4,50	3,30	-0,552	4,800	5,556568
Degrau 16	5,455	5,113	4,50	5,00	3,50	-0,684	4,700	5,238856
				Média	3,49	-0,597	4,813	

	TESTES REALIZADOS NO DIA 20 DE JULHO DE 2021 – 12h							
	Vazão Inicial [V]	Vazão Final [V]	Set-Point Inicial [V]	Set-Point Final [V]	Tempo Morto [s]	K	Tau [s]	Ponto de vazão do tau [V]
Degrau 1	5,108	4,735	5,00	5,50	2,60	-0,746	4,000	4,872264
Degrau 2	4,735	4,326	5,50	6,00	2,60	-0,818	4,100	4,476512
Degrau 3	4,326	3,700	6,00	6,50	2,50	-1,252	4,400	3,930368
Degrau 4	3,700	4,305	6,50	6,00	2,50	-1,210	3,900	4,08?36
Degrau 5	4,305	4,706	6,00	5,50	2,50	-0,802	4,000	4,558 32
Degrau 6	4,706	5,094	5,50	5,00	2,60	-0,776	4,100	4,951216
Degrau 7	5,094	5,464	5,00	4,50	2,60	-0,740	4,000	5,32784
Degrau 8	5,464	5,724	4,50	4,00	2,60	-0,520	4,000	5,62832
Degrau 9	5,724	5,918	4,00	3,50	2,60	-0,388	5,000	5,846608
Degrau 10	5,918	6,073	3,50	3,00	2,60	-0,310	4,200	6,01596
Degrau 11	6,073	6,155	3,00	2,50	2,60	-0,164	4,?00	6,12? ?4
Degrau 12	6,155	6,041	2,50	3,00	2,50	-0,228	3,900	6,082952
Degrau 13	6,041	5,912	3,00	3,50	2,60	-0,258	4,600	5,959472
Degrau 14	5,912	5,709	3,50	4,00	2,50	-0,406	3,900	5,783704
Degrau 15	5,709	5,460	4,00	4,50	2,60	-0,??8	3,900	5,551632
Degrau 16	5,460	5,083	4,50	5,00	2,60	-0,754	3,500	5,221736
				Média	2,57	-0,608	4,131	

Fonte: o autor

Tabela 16 – Degrau de ±1 V na válvula com gaxetas de grafite FF

	TESTES REALIZADOS NO DIA 14 DE JULHO DE 2021 – 14h							
	Vazão Inicial [V]	Vazão Final [V]	Set-Point Inicial [V]	Set-Point Final [V]	Tempo Morto[s]	K	Tau [s]	Ponto de vazão do tau [V]
Degrau 1	5,126	4,327	5	6	4	-0,799	4,9	4,621032
Degrau 2	4,327	3,240	6	7	3,7	-1,087	5,1	3,640016
Degrau 3	3,240	4,332	7	6	4	-1,092	5,4	3,930144
Degrau 4	4,332	5,169	6	5	4	-0,837	5,7	4,860984
Degrau 5	5,169	5,770	5	4	4	-0,601	5,5	5,548832
Degrau 6	5,770	6,098	4	3	3,9	-0,328	5,3	5,977296

TESTES REALIZADOS NO DIA 14 DE JULHO DE 2021 – 14h

	Vazão Inicial [V]	Vazão Final [V]	Set-Point Inicial [V]	Set-Point Final [V]	Tempo Morto [s]	K	Tau [s]	Ponto de vazão do tau [V]
Degrau 7	6,098	6,243	3	2	4	-0,145	5,2	6,18964
Degrau 8	6,243	6,071	2	3	4	-0,172	5,4	6,134296
Degrau 9	6,071	5,716	3	4	4	-0,355	5,5	5,84664
Degrau 10	5,716	5,095	4	5	4	-0,621	5,4	5,323528
				Média	3,96	-0,60	5,34	

TESTES REALIZADOS NO DIA 20 DE JULHO DE 2021 – 14h

	Vazão Inicial [V]	Vazão Final [V]	Set-Point Inicial [V]	Set-Point Final [V]	Tempo Morto [s]	K	Tau [s]	Ponto de vazão do tau [V]
Degrau 1	5,117	4,330	5	6	2,6	-0,787	3,7	4,619616
Degrau 2	4,330	3,218	6	7	2,6	-1,112	3,9	3,627216
Degrau 3	3,218	4,322	7	6	2,6	-1,104	4,2	3,915728
Degrau 4	4,322	5,109	6	5	2,6	-0,787	4,1	4,819384
Degrau 5	5,109	5,739	5	4	2,6	-0,63	3,5	5,50716
Degrau 6	5,739	6,085	4	3	2,5	-0,346	4,3	5,957672
Degrau 7	6,085	6,220	3	2	2,7	-0,135	4,1	6,17032
Degrau 8	6,220	6,048	2	3	2,6	-0,172	3,1	6,111296
Degrau 9	6,048	5,726	3	4	2,6	-0,322	3,8	5,844496
Degrau 10	5,726	5,087	4	5	2,6	-0,639	3,8	5,322152
				Média	2,60	-0,60	3,85	

Fonte: o autor

Tabela 17 – Média dos valores com degraus de ±1 V e ±0,5 V na válvula com gaxetas de grafite FF

	θ [s]	K	τ [s]	Fator de incontrolabilidade θ/τ
Média 0,5V	3,03	0,605	4,47	0,677852348
Média 1,0V	3,28	0,6	4,595	0,713819368
Média 0,5 e 1V	3,155	0,6025	4,532	0,695835858

Fonte: o autor

As Figuras 53, 54, 55 e 56 geraram os gráficos que foram utilizados para modelar θ (tempo morto), K (ganho estático da planta) e τ (constante de tempo dominante da planta) conforme metodologias já apresentadas nas secções anteriores, análise gráfica.

Figura 53 – Válvula com gaxetas de teflon com abertura de 5V ±5% FF

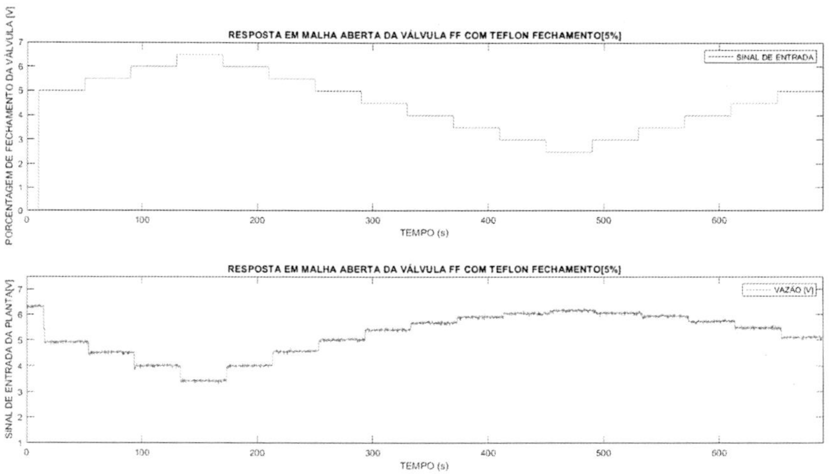

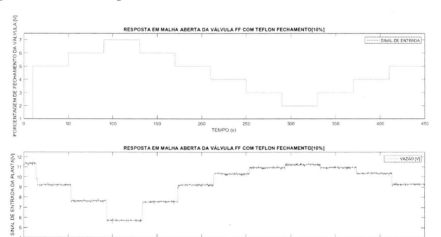

Fonte: o autor

Figura 54 – Válvula com gaxetas de teflon com abertura de 5V ±10% FF

Fonte: o autor

113

Figura 55 – Válvula com gaxetas de grafite com abertura de 5V ±5% FF

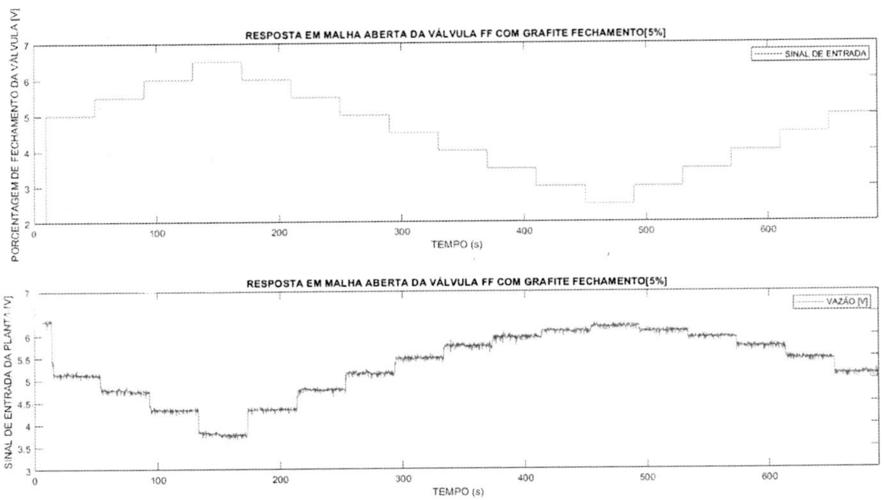

Fonte: o autor

Figura 56 – Válvula com gaxetas de grafite com abertura de 5V ±10% FF

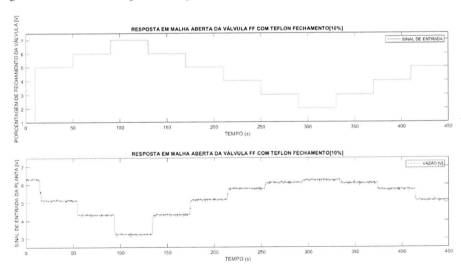

Fonte: o autor

4.1.4 Validação dos modelos aproximados FOPDT da planta de vazão com posicionador FF

Os posicionadores FF para válvulas com gaxetas de teflon e grafite também foram validados em ambiente Simulink, como já descrito na subseção 4.1.2. Nas Figuras 57 e 58 é mostrado um comparativo do modelo real com o modelo da planta. Nota-se que visualmente não é possível quantificar o quão próximo o modelo matemático é do real e consequentemente foi usada a função compare do Matlab para verificar os FITs dos modelos com posicionador FF com teflon e grafite, conforme Figuras 59, 60, 61 e 62, nas quais estão os dados do sistema real e do modelo para os seguintes casos:

- teflon FF com variação de 5,0V ±0,5 V ou ±0,5% de fechamento da válvula;
- teflon FF com variação de 5,0V ±1,0 V ou ±1,0% de fechamento da válvula;
- grafite FF com variação de 5,0V ±0,5 V ou ±0,5% de fechamento da válvula; e
- grafite FF com variação de 5,0V ±1,0 V ou ±1,0% de fechamento da válvula.

Figura 57 – Resultado da simulação no Simulink do modelo teflon FF

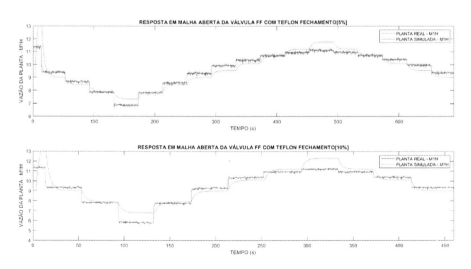

Fonte: o autor

Figura 58 – Resultado da simulação no Simulink do modelo grafite FF

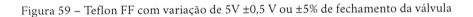

Fonte: o autor

Figura 59 – Teflon FF com variação de 5V ±0,5 V ou ±5% de fechamento da válvula

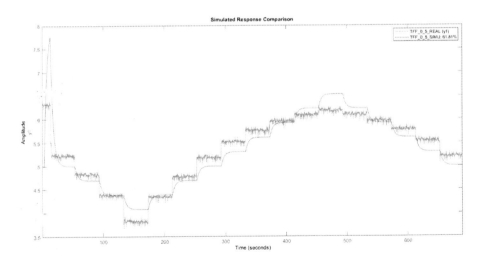

Fonte: o autor

Figura 60 – Teflon FF com variação de 5V ±1,0 V ou ±10% de fechamento da válvula

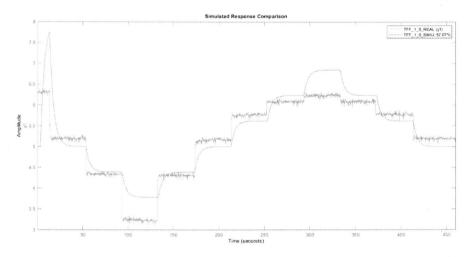

Fonte: o autor

Figura 61 – Grafite FF com variação de 5V ±0,5 V ou ±5% de fechamento da válvula

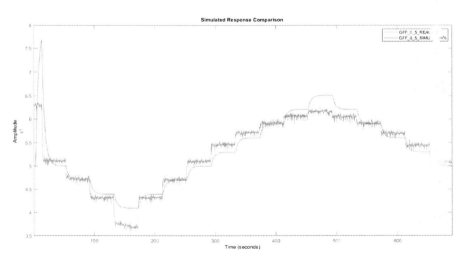

Fonte: o autor

Figura 62 – Grafite FF com variação de 5V ±1,0 V ou ±10% de fechamento da válvula

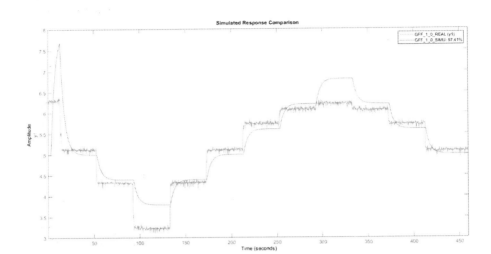

Fonte: o autor

Tabela 18 – Resultados do índice FIT – goodnessOfFit/Compare FF

Característica do modelo	FIT – goodnessOfFit/Compare [%]
Teflon FF com variação de 5V +/- 0.5 V ou +/- 5% de fechamento da válvula	61,81
Teflon FF com variação de 5V +/- 1.0V ou +/- 10% de fechamento da válvula	57,07
Média teflon	59,44
Grafite FF com variação de 5V +/- 0.5 V ou +/- 5% de fechamento da válvula	63,94
Grafite FF com variação de 5V +/- 0.5 V ou +/- 10% de fechamento da válvula	57,41
Média grafite	60,68

Fonte: o autor

Os índices FIT obtidos são 59,44% para a válvula com gaxetas de teflon e 60,68% para a válvula com gaxetas de grafite com posicionado FF. Portanto, com esses modelos identificados de primeira ordem com tempo morto, é possível também parametrizar o controlador FOPID para as válvulas com as características supracitadas.

4.1.5 Testes na planta-piloto de vazão com conversor corrente-pressão (I/P) para obter o FOPDT

Não foi possível aplicar o método de degraus de ±0,5V e ±1,0V em torno de 5V em malha aberta (MA) para estimar os modelos matemáticos das válvulas de teflon e grafite com conversores I/P. Nos testes realizados, observou-se que em algumas regiões de trabalho não se alterava a posição da haste da válvula, não alterando, assim, a vazão da planta e portanto não foi possível observar a dinâmica para essas regiões. Essa situação é devida à construção do conversor I/P. Como citado na seção 2.7, não há uma interação mecânica na posição da haste com o conversor I/P, e sim apenas uma interação pneumática, assim, com sinais de pequena amplitude para atuação na válvula, não há movimentação. É importante citar a ação direta do atrito causado pelas gaxetas de teflon e grafite na haste da válvula, afetando diretamente o problema citado, ou seja, são atributos de não linearidade da planta, em que o atrito é a maior causa deste problema.

Nas Figuras 63 e 64, nas regiões de 120s e 390s, 460s e 690s, não ocorreram mudanças no sinal de saída com as alterações no sinal de entrada. Assim, a aplicação de degraus de ±0,5V e ±1,0V em torno de 5V em malha aberta (MA) usado para estimar os modelos matemáticos dos demais atuadores não pôde ser usado para o conversor I/P.

Figura 63 – Válvula com gaxetas de teflon com abertura de 5V ±5% I/P

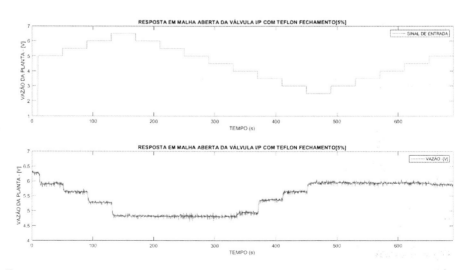

Fonte: o autor

Figura 64 – Válvula com gaxetas de teflon com abertura de 5V ±5% I/P

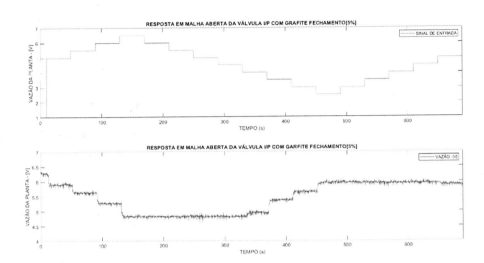

Fonte: o autor

Para conseguir realizar o levantamento do modelo, aumentaram-se as amplitudes dos sinais de entrada: ±3,0V em torno de 4,5V e +3,5V em torno de 3,5V para verificar a resposta da planta. Desta forma, foi possível realizar o levantamento matemático do modelo FOPDT da planta de vazão com conversor I/P com gaxetas de teflon e grafite, conforme Equações 44 e 45. Nas Tabelas 19, 20, 22 e 23 são fornecidas as médias dos degraus de ±3,0V em torno de 4,5V e +3,5V em torno de 3,5V em malha aberta (MA) e nas Tabelas 21 e 24 com as médias dos degraus aplicados na planta em MA.

$$G(s)_{Teflon} = \frac{1{,}01e^{-1{,}8s}}{3{,}8s+1} \qquad (44)$$

$$G(s)_{Grafite} = \frac{0{,}39e^{-2{,}3s}}{3{,}8s+1} \qquad (45)$$

Tabela 19 – Degrau de ±3V na válvula com gaxetas de teflon I/P

	Vazão Inicial [V]	Vazão Final [V]	Set-Point Inicial [V]	Set-Point Final [V]	Tempo Morto [s]	K	Tau [s]	Ponto de vazão do tau [V]
	TESTES REALIZADOS NO DIA 17 DE AGOSTO DE 2021 – 7h							
Degrau 1	5,39	1,723	4	7	1,6	-1,222	3,8	3,072456
Degrau 2	1,723	5,182	7	4	1,6	-1,153	4	3,909088
Degrau 3	5,182	6,22	4	1	1,6	-0,346	3,3	5,838016
Degrau 4	6,22	5,392	1	4	1,4	-0,276	3,9	5,696704
Degrau 5	5,392	1,732	4	7	1,6	-1,22	3,7	3,07888
Degrau 6	1,732	5,167	7	4	1,6	-1,145	3,9	3,90292
				Média	1,57	-0,89	3,77	

Fonte: o autor

Tabela 20 – Degrau de +3,5V na válvula com gaxetas de teflon I/P

	Vazão Inicial [V]	Vazão Final [V]	Set-Point Inicial [V]	Set-Point Final [V]	Tempo Morto [s]	K	Tau [s]	Ponto de vazão do tau [V]
	TESTES REALIZADOS NO DIA 17 DE AGOSTO DE 2021 – 8h							
Degrau 1	5,698	1,75	3,5	7	2	-1,128	3,7	3,202864
Degrau 2	1,75	5,603	7	3,5	2	-1,100	3,9	4,185096
Degrau 3	5,603	1,678	3,5	7	2	-1,121	3,7	3,1224
Degrau 4	1,678	5,593	7	3,5	1,7	-1,118	4	4,15228
				Média	1,93	-1,12	3,83	

Fonte: o autor

Tabela 21 – Média dos valores com degraus de ±3,0V e +3,5 V na válvula com gaxetas de teflon I/P

	θ [s]	K	τ [s]	Fator de incontrolabilidade θ/τ
Média 3,0V	1,57	-0,89	3,77	0,415929204
Média 3,5V	1,93	-1,12	3,83	0,503267974
Média 3,0V e 3,5V	1,75	-1,01	3,80	0,459934138

Fonte: o autor

Tabela 22 – Degrau de ±3V na válvula com gaxetas de grafite I/P

TESTES REALIZADOS NO DIA 17 DE AGOSTO DE 2021 – 9h								
	Vazão Inicial [V]	Vazão Final [V]	Set-Point Inicial [V]	Set-Point Final [V]	Tempo Morto[s]	K	Tau [s]	Ponto de vazão do tau [V]
Degrau 1	6,136	4,258	4	7	2,4	-0,626	4	4,949104
Degrau 2	4,258	4,784	7	4	2,4	-0,175	3,8	4,590432
Degrau 3	4,784	6,168	4	1	2,4	-0,461	3,5	5,658688
Degrau 4	6,168	4,301	1	4	2,4	-0,622	3,5	4,988056
Degrau 5	6,168	4,301	4	7	2,4	-0,622	4	4,988056
Degrau 6	4,301	4,783	7	4	2,4	-0,160	3,9	4,605624
				Média	2,40	-0,44	3,78	

Fonte: o autor

Tabela 23 – Degrau de +3,5V na válvula com gaxetas de grafite I/P

TESTES REALIZADOS NO DIA 17 DE AGOSTO DE 2021 – 10h								
	Vazão Inicial [V]	Vazão Final [V]	Set-Point Inicial [V]	Set-Point Final [V]	Tempo Morto[s]	K	Tau [s]	Ponto de vazão do tau [V]
Degrau 1	6,194	4,313	3,5	7	2,3	-0,537	4	5,005208
Degrau 2	4,313	5,212	7	3,5	2,3	-0,256	3,8	4,881168
Degrau 3	5,212	4,25	3,5	7	2,2	-0,274	3,7	4,604016
Degrau 4	4,25	5,18	7	3,5	2,3	-0,265	3,8	4,83776
				Média	2,28	-0,33	3,83	

Fonte: o autor

Tabela 24 – Média dos valores com degraus de ±3,0V e +3,5 V na válvula com gaxetas de grafite I/P

	θ [s]	K	τ [s]	Fator de incontrolabilidade θ/τ
Média 3,0V	2,40	-0,44	3,78	0,634361233
Média 3,5V	2,28	-0,33	3,83	0,594771242
Média 3,0V e 3,5V	2,34	-0,39	3,80	0,614457831

Fonte: o autor

Os gráficos gerados pelos ensaios com degraus em MA em ±3,0V e +3,5 V são apresentados nas Figuras 65, 66, 67, e 68..

Figura 65 – Válvula com gaxetas de teflon com abertura de 3,0V ±30% I/P

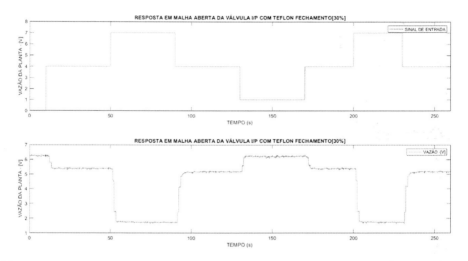

Fonte: o autor

Figura 66 – Válvula com gaxetas de teflon com abertura de 3,5V +35% I/P

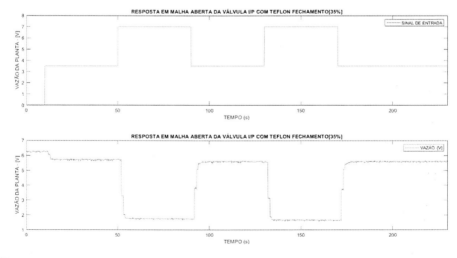

Fonte: o autor

Figura 67 – Válvula com gaxetas de grafite com abertura de 3,0V ±3,0% I/P

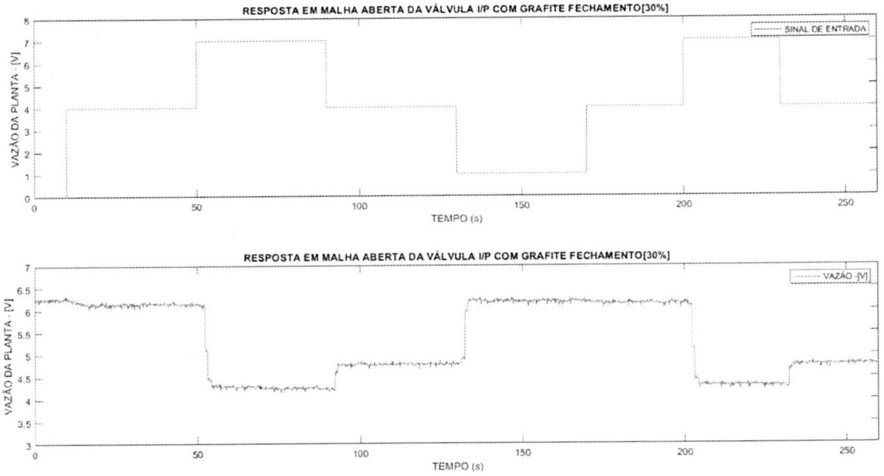

Fonte: o autor

Figura 68 – Válvula com gaxetas de grafite com abertura de 3,5V +35% I/P

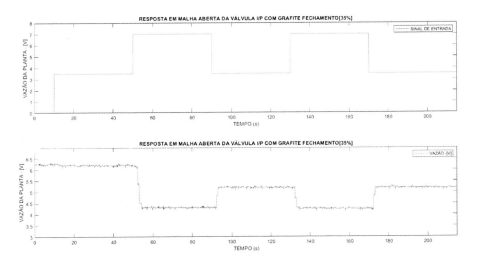

Fonte: o autor

4.1.6 Validação dos modelos aproximados FOPDT da planta de vazão com conversor I/P

Os modelos dos conversores I/P das válvulas com gaxetas de teflon e grafite também foram validados em ambiente Simulink, conforme descrito na subseção 4.1.2. Nas Figuras 69 e 70 é mostrado um comparativo da planta real com o modelo da planta e também foi usada a função compare do Matlab para verificar os FITs dos modelos obtidos. Nas Figuras 71 a 74 estão os dados do sistema real e do modelo para os seguintes casos e na Tabela 25 os FITs para teflon e grafite I/P:

- teflon I/P com variação de 4,0V ±3,0V ou ±30% de fechamento da válvula;
- teflon I/P com variação de 3,5V ±3,5V ou ±35% de fechamento da válvula;
- grafite I/P com variação de 4,0V ±3,0V ou ±30% de fechamento da válvula; e
- grafite I/P com variação de 3,5V ±3,5V ou ±35% de fechamento da válvula.

Figura 69 – Resultado da simulação no Simulink do modelo teflon I/P

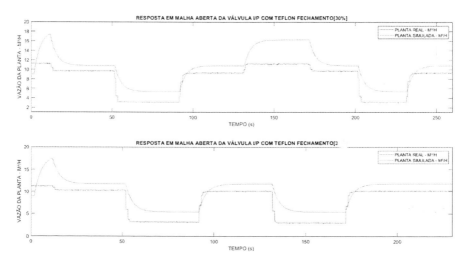

Fonte: o autor

Figura 70 – Resultado da simulação no Simulink do modelo grafite I/P

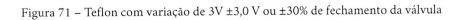

Fonte: o autor

Figura 71 – Teflon com variação de 3V ±3,0 V ou ±30% de fechamento da válvula

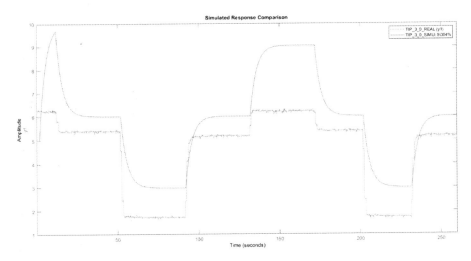

Fonte: o autor

Figura 72 – Teflon com variação de 3.5V +3,5 V ou 35% de fechamento da válvula

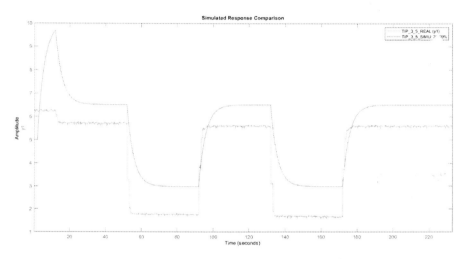

Fonte: o autor

Figura 73 – Grafite com variação de 3V ±3,0 V ou ±30% de fechamento da válvula

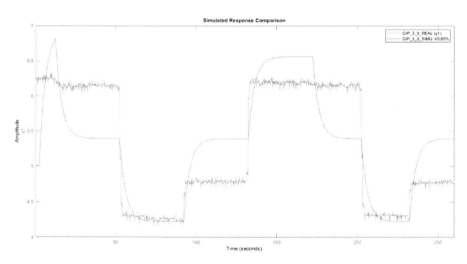

Fonte: o autor

Figura 74 – Grafite com variação de 3.5V +3,5 V ou 35% de fechamento da válvula

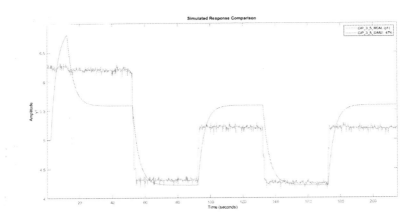

Fonte: o autor

Tabela 25 – Resultados do índice FIT – goodnessOfFit/Compare I/P

Característica do modelo	FIT – goodnessOfFit/ Compare [%]
Teflon I/P com variação de 4V +/- 3V ou +/- 30% de fechamento da válvula	9,0
Teflon I/P com variação de 3,5V +3.5V ou +/- 35% de fechamento da válvula	29,69
Média teflon	19,35
Grafite I/P com variação de 4V +/- 3V ou +/- 30% de fechamento da válvula	40,85
Grafite I/P com variação de 3,5V +3.5V ou +/- 35% de fechamento da válvula	47,0
Média grafite	43,93

Fonte: o autor

Os índices FIT obtidos são 19,35% para a válvula com gaxetas de teflon e 43,93% para a válvula com gaxetas de grafite com conversor I/P. Portanto, com esses modelos identificados de primeira ordem com tempo morto, é possível também parametrizar o controlador FOPID para as válvulas com as características supracitadas.

Assim, com os modelos matemáticos FOPDT levantados é possível utilizá-los como referência para os métodos de sintonia do controlador FOPID.

ENSAIOS DA PLANTA-PILOTO DE VAZÃO COM CONTROLADOR FOPI

Neste capítulo são implantados os métodos de sintonia do controlador FOPI para encontrar K_p, K_I, K_D e l. Na indústria, não é habitual usar o termo derivativo em malhas de controle de vazão, pois essas malhas têm dinâmicas rápidas para a utilização do parâmetro derivativo, assim, esse termo, dependendo do seu ganho, desestabiliza a malha. É importante ressaltar que a maioria dos controladores utilizados na indústria são PI (FRANCHI, 2011). Também são abordados métodos de sintonia para o controlador fracionário PI (FOPI). Segundo Valério (2005), há três modos para sintonizar controladores FOPID: regras de ajustes, métodos analíticos e métodos baseados em otimização. Tepljakov *et al.* (2011), em sua toolbox FOMCON, usa somente o método de otimização. Nesta obra se lida com os três métodos de sintonia.

5.1 MÉTODO DE OTIMIZAÇÃO COM ALGORITMO F-MIGO E REGRAS DE AJUSTE

Bhaskaran, Chen e Xue (2007) desenvolveram um método de otimização e regras de ajuste baseados em sistemas do tipo FOPDT. O método de otimização opera por meio das funções de sensibilidade. Ambas as técnicas foram aplicadas por Bhaskaran, Bohannan e Chen (2007), Bhambani *et al.* (2008a) e Bhambani *et al.* (2008b). Esses métodos foram desenvolvidos para sistemas com FOPI, ou seja, um controlador fracionário PI sem a parte derivativa. Em Bhambani *et al.* (2008a; 2008b) é aplicado o método F-MIGO para otimizar os parâmetros de ajuste. Em Bhaskaran, Chen e Xue (2007), foram definidas as seguintes equações para a sintonia:

$$G(s)_{FOPDT} = \frac{Ke^{-Ls}}{Ts+1} \qquad (46)$$

Sendo:

- K: ganho estático da planta
- L: tempo morto da planta
- T: constante de tempo dominante da planta

Há o tempo morto relativo, dado pela Equação (45):

$$\tau = \frac{L}{L+T} \qquad (47)$$

Em Bhaskaran, Chen e Xue (2007), por meio da otimização (F-MIGO), foram validadas as regras de ajuste conforme as Equações (48) a (51).

$$K_p = \frac{0{,}2978}{K(\tau+0{,}000307)} \qquad (48)$$

$$K_i = \frac{Kp\,(\tau^2 - 3{.}402\tau + 2{.}405)}{0{.}8578T} \qquad (49)$$

Em que:

$$\alpha = \begin{cases} 0.7, & if\ \tau < 0.1 \\ 0.9, & if\ 0.1 \leq \tau < 0.4 \\ 1.0, & if\ 0.4 \leq \tau < 0.6 \\ 1.1, & if\ \tau \geq 0.6 \end{cases} \qquad (50)$$

O controlador FOPI é definido como:

$$G_c(s) = \frac{U(s)}{E(s)} = K_p + K_I s^{-\lambda} \qquad (51)$$

Tabela 26 – Resultados do método de Bhaskaran para teflon eletropneumático

BHASKARAN PARA TEFLON ELETROPNEUMÁTICO				
Média 0,5 e 1V	K_p	K_i	$\lambda = \alpha$	$\tau_{BHASKARAM}$
TEP	0,992	0,567	1,000	0,488117002

Fonte: Bhaskaran, Chen e Xue, 2007

Tabela 27 – Resultados do método de Bhaskaran para grafite eletropneumático

BHASKARAN PARA GRAFITE ELETROPNEUMÁTICO				
Média 0,5 e 1V	K_p	K_I	$\lambda = \alpha$	$\tau_{BHASKARAM}$
GEP	0,957	0,472	1,000	0,457746479

Fonte: Bhaskaran, Chen e Xue, 2007

Nas Tabelas 26 e 27, para $\lambda=1$ do FOPI, equivale a um controlador PI convencional (VALERIO, 2005; TEJADO *et al.*, 2019), então, para efeito de exploração e resposta do controlador FOPI, realizaram-se os testes variando-se λ nos seguintes valores: 1,2, 1,1, 1,0, 0,9 e 0,8, para os modos servo e regulatório. Esses valores de λ foram selecionados conforme estudos preliminares em Tejado *et al.* (2019). No modo servo as alterações no set-point foram [5, 5,55, 5, 4,44, 5] V = [9, 10, 9, 8, 9] m³/h nos instantes de tempo de [0,1, 100, 200, 300, 400] s. No modo regulatório, são inseridas perturbações com a planta em regime permanente. Mesquita (2020) usou os valores de ±46% de fechamento da válvula de perturbação (FV13), que altera a PV em 10%, ou seja, uma vazão de 9 m³/h decresce para 8,1 m³/h: [4,6, -4,6] V, que representam [46, -46] % em [150, 300] s. Os ensaios foram feitos nas válvulas com gaxetas de teflon (baixo atrito) com posicionador eletropneumático (TEP) e de grafite (alto atrito) com posicionador eletropneumático (GEP). Os testes foram feitos com o controlador FOPI implantado em Simulink.

A malha fechada da Figura 75 mostra o controlador FOPI implantando em Simulink, interfaceando com a planta-piloto de vazão. O resultado dos testes no caso TEP é mostrado na Figura 76 e seus índices de desempenho são exibidos na Tabela 28.

Figura 75 – Ambiente de ensaios nos modos servo e regulatório para TEP e GEP

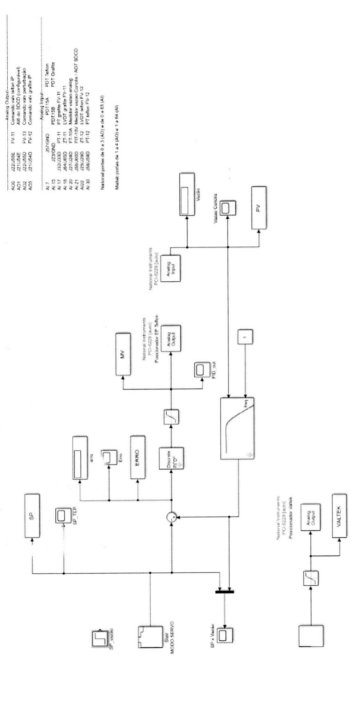

Fonte: o autor

Figura 76 – Ensaio TEP/FOPI/Modo Servo/Erro/MV/PV

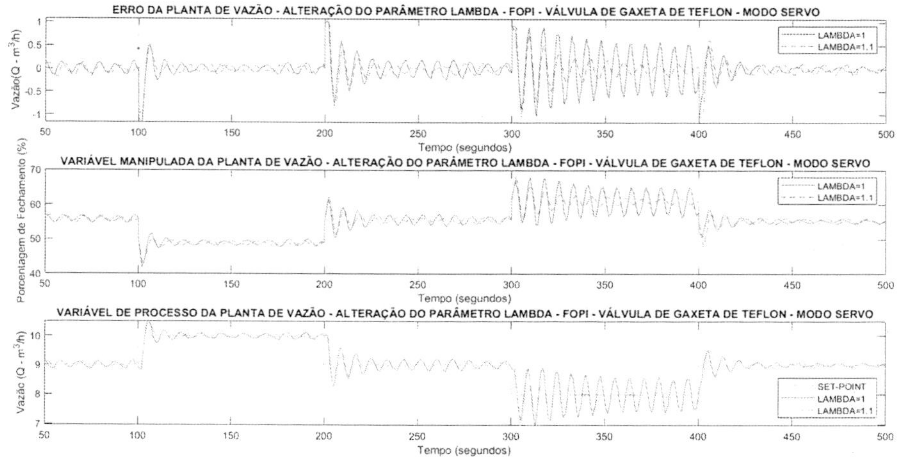

Fonte: o autor

Na Figura 76 é visualizada a mudança do degrau no período entre 300 e 400 s e dinâmica oscilatória na resposta da planta, onde o erro foi mais intenso e o esforço de controle foi maior. O resultado do ensaio é apresentado na Tabela 28.

Tabela 28 – Ensaio TEP/FOPI/Modo Servo/Erros/Variabilidade

	Ensaio Teflon Eletropneumático Modo Servo – Bhaskaran					
	ISE	IAE	ITAE	ITSE	IAU	Variabilidade%
$\lambda = 1.2$	6,637	31,0308	8495,8	1771,5	2485,7	4,86
$\lambda = 1.1$	6,4712	30,7228	8427,6	1722,3	2485,3	4,80
$\lambda = 1.0$	11,1747	45,7777	13295	3268,3	2486,5	6,31
$\lambda = 0.9$	16,9926	55,9778	17734	5685,7	2477,7	7,75
$\lambda = 0.8$	15,3883	54,1429	15973	4757,1	2465,5	7,25

Fonte: o autor

Na Tabela 28 há mais dois índices de avaliação de desempenho: índice de atividade da variável manipulada (IAU - $\int_0^t |MV(t)|\, dt$) e índice de variabilidade da malha de controle (*loop variability*), que equivale às oscilações da variável controlada dadas pela Equação (52). Há várias causas que podem gerar a variabilidade: sintonia inadequada do controlador, válvula de controle mal selecionada, mal dimensionada ou com atrito excessivo, processo extremamente sensível, não linearidade da malha, entre outros (GARCIA, 2017).

$$Variabilidade = \frac{2\sigma}{\mu} 100 \qquad (52)$$

Sendo:

σ – desvio padrão do processo;

μ – valor médio da saída do processo.

Na Tabela 28, para $\lambda = 1,1$, o controlador FOPI obteve o melhor desempenho entre os PI fracionário e convencional. O desempenho ficou parecido para $\lambda = 1,1$ e $\lambda = 1,2$:. O índice que teve a maior diferença foi o ITSE, o qual penaliza os erros no decorrer do tempo.

Na Figura 77 está a resposta do ensaio para GEP no modo servo e vê-se que há menos oscilações no degrau entre 300 a 400 s.

Figura 77 – Ensaio GEP/FOPI/Modo Servo/Erro/MV/PV

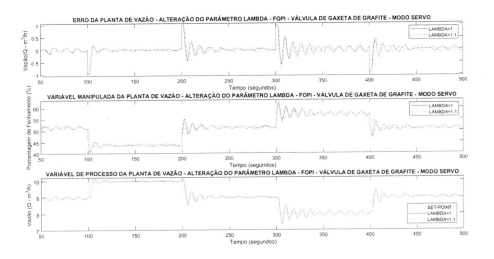

Fonte: o autor

Na Tabela 29 vê-se que alguns índices de desempenho são bem menores que na Tabela 28, devido a menos oscilações que nos ensaios de GP. O FOPI foi um pouco melhor que o PI. Com $\lambda = 0,9$ obteve-se o melhor resultado, exceto para o índice ITSE.

Tabela 29 – Ensaio GEP/FOPI/Modo Servo/Erros/Variabilidade

Ensaio Grafite – Eletropneumático Modo Servo – Bhaskaran						
	ISE	IAE	ITAE	ITSE	IAU	V
$\lambda = 1.2$	4,7796	23,1219	6365	1247	2285,2	4,12
$\lambda = 1.1$	4,8296	22,3487	6210,6	1272,5	2285,7	4,15
$\lambda = 1.0$	4,7238	23,8510	6757	1245,9	2294,2	4,10
$\lambda = 0.9$	4,6789	22,1396	6156,6	1265,4	2285,8	4,05
$\lambda = 0.8$	6,6583	32,2945	8114,3	1694	2266,9	4,57

Fonte: o autor

Na Figura 78, a partir da segunda perturbação a resposta da planta oscila um pouco mais, quando comparado com o primeiro degrau.

Figura 78 – Ensaio TEP/FOPI/Modo Regulatório/Erros/MV/PV

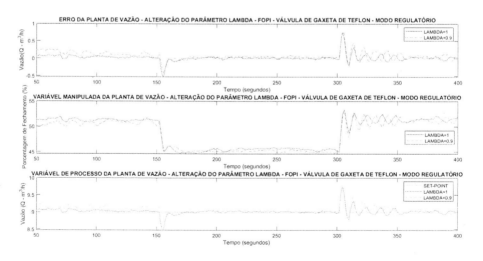

Fonte: o autor

Na Tabela 30 compilam-se os índices de desempenho do teste visto na Figura 78.

Tabela 30 – Ensaio TFP/FOPI/Modo Regulatório/Erros/Variabilidade

	Ensaio Teflon – Eletropneumático Modo Regulatório – Bhaskaran					
	ISE	IAE	ITAE	ITSE	IAU	Variabilidade%
λ = 1.2	1,3165	14,5163	3160,4	297,5796	1970,2	2,41
λ = 1.1	1,1241	12,3272	2813,8	270,2701	1969,1	2,24
λ = 1.0	1,0848	11,7861	2618,8	257,6722	1963,7	2,14
λ = 0.9	1,0643	12,2205	2757,4	254,7440	1969,2	2,17
λ = 0.8	1,0312	12,682	2798,6	249,3598	1973,1	2,23

Fonte: o autor

Figura 79 – Ensaio GEP/FOPI/Modo Regulatório/Erros/Variabilidade

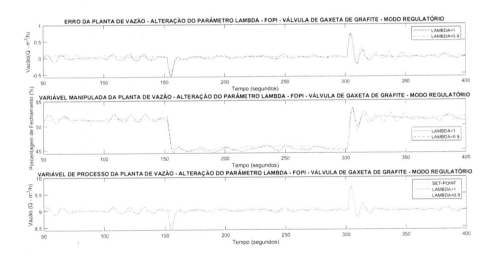

Fonte: o autor

Na Tabela 31 exibem-se os índices de desempenho do teste visto na Figura 79.

Tabela 31 – Ensaio GEP/FOPI/Modo Regulatório/Erros/Variabilidade

Ensaio Grafite – Eletropneumático Modo Regulatório – Bhaskaran						
	ISE	IAE	ITAE	ITSE	IAU	Variabilidade%
λ = 1.2	1,4149	13,1000	2837,7	349,5210	1763,4	2,50
λ = 1.1	1,0264	9,8285	2132,5	247,0566	1762,2	2,13
λ = 1.0	0,9812	9,4109	2001,1	228,6506	1760,7	2,08
λ = 0.9	1,0426	10,2608	2226,9	251,9634	1760,7	2,07
λ = 0.8	2,3154	20,2088	3806,5	441,5389	1747,5	2,58

Fonte: o autor

Para o posicionador digital FF, as Tabelas 32 e 33 exibem os valores da sintonia para o FOPI segundo as Equações (48) e (49) para válvulas com gaxetas de teflon e grafite.

Tabela 32 – Resultados do método de Bhaskaran para teflon FF

	BHASKARAN PARA TEFLON FF			
Média 0,5 e 1,0V	K_p	K_I	$\lambda = \alpha$	$\tau_{BHASKARAM}$
TFF	1,126	0,340	1,2/1,1/1/0,9/0,8	0,432769401

Fonte: Bhaskaran, Chen e Xue, 2007

Tabela 33 – Resultados do método de Bhaskaran para grafite FF

	BHASKARAN PARA GRAFITE FF			
Média 0,5 e 1,0V	K_p	K_I	$\lambda = \alpha$	$\tau_{BHASKARAM}$
GFF	1,202	0,364	1,2/1,1/1/0,9/0,8	0,410284553

Fonte: Bhaskaran, Chen e Xue, 2007

Na Tabela 34 e na Figura 80 se veem os resultados dos ensaios da válvula com gaxetas de teflon com posicionador FF.

Tabela 34 – Ensaio TFF/FOPI/Modo Servo/Erros/Variabilidade

	Ensaio Teflon – Posicionador FF Modo Servo – Bhaskaran					
	ISE	IAE	ITAE	ITSE	IAU	Variabilidade%
$\lambda = 1.2$	10,513	36,311	10639,9	3051,716	2312,3	6,11
$\lambda = 1.1$	11,128	41,591	12504,6	3251,369	2311,6	6,29
$\lambda = 1.0$	36,033	76,928	25557,0	12691,868	2306,5	11,32
$\lambda = 0.9$	35,252	75,107	24394,0	12017,947	2286,5	11,14
$\lambda = 0.8$	39,187	89,484	28046,4	13320,522	2259,7	11,41

Fonte: o autor

Figura 80 – Trecho da dinâmica TFF/Modo Servo

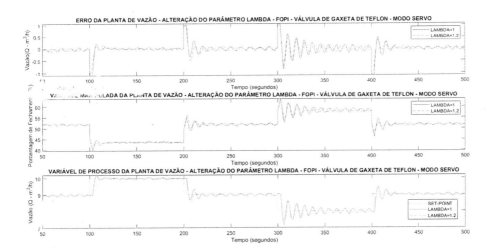

Fonte: o autor

Na Tabela 34, o melhor desempenho é o FOPI com $l=1,2$. É importante ressaltar que no trecho entre 300 s a 400 s ocorreram oscilações na PV de todos os ensaios e houve aumento da variabilidade em torno de 2% a mais se comparado ao posicionador eletropneumático. O controlador FOPI foi melhor com $l=1,2$ conforme Tabela 35. Na Figura 81 é mostrada a dinâmica do processo para válvula com gaxetas de grafite com posicionador FF.

Tabela 35 – Ensaio GFF/FOPI/Modo Servo/Erros/Variabilidade

	Ensaio Grafite – Posicionador FF Modo Servo – Bhaskaran					
	ISE	IAE	ITAE	ITSE	IAU	Variabilidade%
λ = 1.2	18,052	58,961	17698,6	5516,69	2273,4	8,02
λ = 1.1	31,493	76,149	24146,7	10615,65	2266,5	10,59
λ = 1.0	63,752	109,336	36719,5	22977,59	2253,3	15,05
λ = 0.9	77,216	126,038	42050,9	27120,65	2240,2	16,51
λ = 0.8	74,459	125,575	41847,1	26611,66	2213,2	15,95

Fonte: o autor

Figura 81 – Trecho da dinâmica GFF/Modo Servo

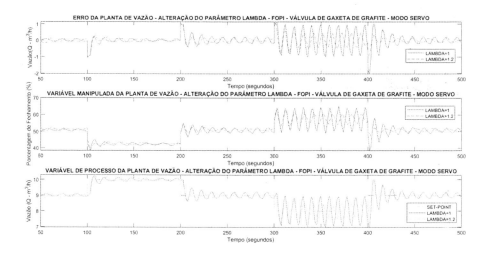

Fonte: o autor

Na Figura 82 e na Tabela 36 são apresentados os ensaios do posicionador FF no modo regulatório para válvulas com gaxetas de teflon.

Tabela 36 – Ensaio TFF/FOPI/Modo Regulatório/Erros/Variabilidade

	\multicolumn{6}{c	}{Ensaio Teflon – Posicionador FF Modo Regulatório – Bhaskaran}
	ISE	IAE	ITAE	ITSE	IAU	Variabilidade%
λ = 1.2	1,941	13,814	3181,855	478,576	1694,893	2,969
λ = 1.1	2,242	14,390	3498,455	566,8716	1695,858	3,195
λ = 1.0	2,405	16,639	4188,67	634,631	1685,876	3,316
λ = 0.9	3,556	21,465	5655,256	1018,392	1683,408	3,946
λ = 0.8	5,32	29,950	6185,741	1133,08	1659,480	4,135

Fonte: o autor

Figura 82 – Trecho da dinâmica TFF/Modo Regulatório

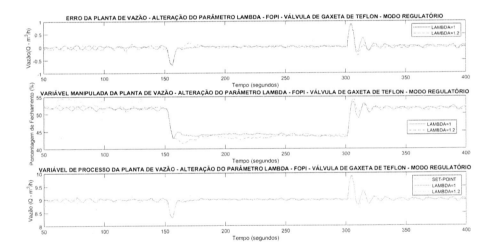

Fonte: o autor

Conforme a Tabela 36, o melhor desempenho é do FOPI com $l=1,2$, e o sobressinal e o tempo morto tiveram valores semelhantes entre este FO.. .. .. I. Na Figura 83 e na Tabela 37 são apresentados os ensaios do posicionador FF modo regulatório para válvula com gaxetas de grafite.

Tabela 37 – Ensaio GFF/FOPI/Modo Regulatório/Erros/Variabilidade

Ensaio Grafite – Posicionador FF Modo Servo – Bhaskaran						
	ISE	IAE	ITAE	ITSE	IAU	Variabilidade%
λ = 1.2	3,945	24,517	5571,032	939,161	1662,601	4,244
λ = 1.1	3,676	22,234	5261,638	909,782	1665,419	4,098
λ = 1.0	5,059	29,486	7344,244	1387,543	1655,146	4,807
λ = 0.9	5,310	29,344	7677,461	1535,574	1645,458	4,865
λ = 0.8	7,096	35,866	8369,320	1771,092	1622,729	5,152

Fonte: o autor

Figura 83 – Trecho da dinâmica GFF/Modo Regulatório

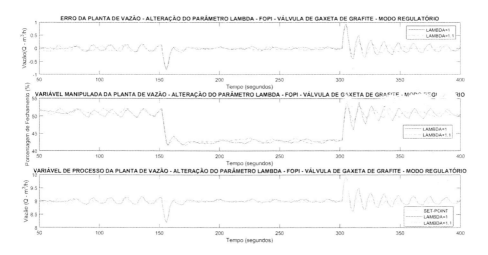

Fonte: o autor

Segundo a Tabela 37, o melhor desempenho é obtido pelo FOPI com $l=1,1$.

As mesmas propostas de testes para a sintonia do controlador FOPI para a configuração das válvulas de teflon e grafite, com conversor I/P foi utilizada: variação de λ nos valores de 0,8 até 1,2 com o intuito de verificar o desempenho e a dinâmica da resposta em regime transitório e permanente da malha de controle. Nas Tabelas 38 e 39 se encontram os valores dos parâmetros de sintonia do controlador FOPI calculados conforme as Equações

(48) e (49), os resultados obtidos com os índices de erro e desempenho da malha são apresentados na Figura 84 e na Tabela 40 são vistos os índices de erros do processo com teflon e conversor I/P.

Tabela 38 – Resultados do método de Bhaskaran para teflon I/P

	BHASKARAN PARA TEFLON I/P			
Média 3,0 e 3,5V	K_p	K_I	$\lambda = \alpha$	$\tau_{BHASKARAM}$
TIP	0,877	0,389	1,2/1,1/1/0,9/0,8	0,303164421

Fonte: Bhaskaran, Chen e Xue, 2007

Tabela 39 – Resultados do método de Bhaskaran para grafite I/P

	BHASKARAN PARA GRAFITE I/P			
Média 3,0 e 3,5V	K_p	K_I	$\lambda = \alpha$	$\tau_{BHASKARAM}$
GIP	2,369	0,938	1,2/1,1/1/0,9/0,8	0,3589211162

Fonte: Bhaskaran, Chen e Xue, 2007

Tabela 40 – Ensaio TIP/FOPI/Modo Servo/Erros/Variabilidade

	Ensaio Teflon – conversor I/P Modo Servo – Bhaskaran					
	ISE	IAE	ITAE	ITSE	IAU	Variabilidade%
$\lambda = 1.2$	7,311	38,352	11655,3	2176,741	1936,6	5,10
$\lambda = 1.1$	5,258	28,848	8531,1	1391,958	1949,2	4,32
$\lambda = 1.0$	4,108	22,412	6516,9	1063,639	1942,7	3,82
$\lambda = 0.9$	4,038	22,145	6077,5	1042,740	1935,8	3,76
$\lambda = 0.8$	5,847	31,493	7445,4	1371,111	1929,2	4,27

Fonte: o autor

Figura 84 – Ensaio TIP/FOPI/Modo Servo/Erro/MV/PV

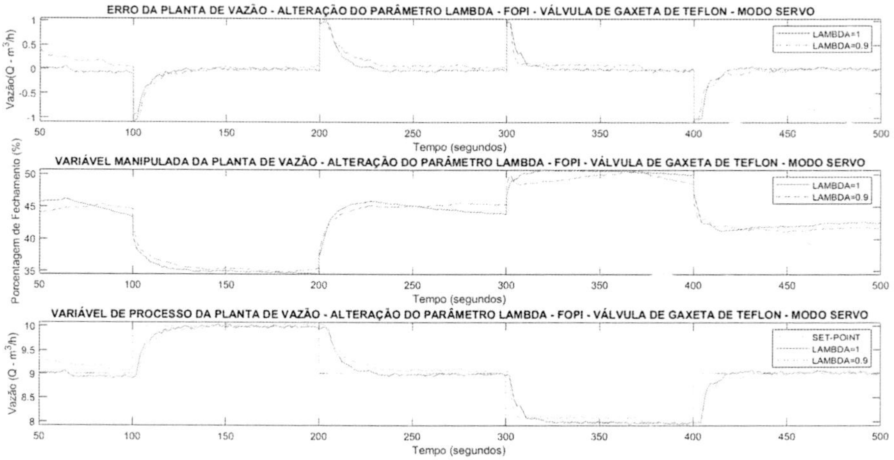

Fonte: o autor

Conforme a Tabela 40, com $\lambda = 0{,}9$ obteve-se o melhor desempenho: em relação ao FOPI e melhor que o IOPI.

Na Tabela 41 e na Figura 85 são apresentados os resultados dos ensaios feitos para o grafite com I/P no modo servo.

Tabela 41 – Ensaio GIP/FOPI/Modo Servo/Erros/Variabilidade

	Ensaio Grafite – Conversor I/P Modo Servo – Bhaskaran					
	ISE	IAE	ITAE	ITSE	IAU	Variabilidade%
$\lambda = 1.2$	68,461	153,679	43562,0	19759,292	2251,0	15,61
$\lambda = 1.1$	24,290	91,498	27332,4	7722,787	2260,3	9,30
$\lambda = 1.0$	15,274	68,330	19972,3	4452,728	2239,4	7,37
$\lambda = 0.9$	14,033	52,816	16196,4	4415,195	2136,3	7,06
$\lambda = 0.8$	6,478	32,237	8631,2	1698,181	2200,4	4,77

Fonte: o autor

Figura 85 – Ensaio GIP/FOPI/Modo Servo/Erro/MV/PV

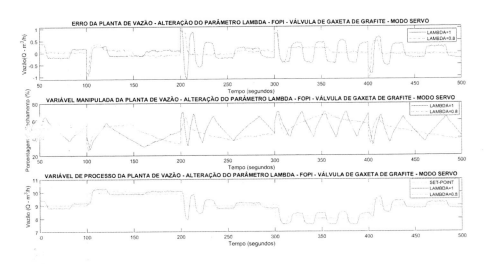

Fonte: o autor

Na Tabela 41 o ensaio com $l=0{,}8$, gaxetas de grafite e com conversor I/P, mostrou o melhor desempenho. É importante ressaltar o comportamento do sistema em regime permanente: com $l=0{,}8$ há pouca variação da PV e há mais oscilações com o controlador PI, assim explicando a menor variabilidade, menores índices de erro e melhor desempenho

Os resultados dos ensaios na válvula com gaxetas de teflon com conversor I/P no modo regulatório são apresentados na Tabela 42 e na Figura 86.

Tabela 42 – Ensaio TIP/FOPI/Modo Regulatório/Erros/Variabilidade

	\multicolumn{6}{c}{Ensaio Teflon – Conversor I/P Modo Regulatório – Bhaskaran}
	ISE	IAE	ITAE	ITSE	IAU	Variabilidade%
λ = 1.2	2,877	22,126	5287,4	754,932	1434,4	3,62
λ = 1.1	2,579	19,653	4411,9	590,109	1427,7	3,43
λ = 1.0	1,535	12,136	2817,0	348,840	1440,3	2,64
λ = 0.9	1,129	11,342	2650,7	274,143	1446,9	2,19
λ = 0.8	3,201	22,185	4660,5	710,532	1421,6	3,32

Fonte: o autor

Na Tabela 42, no ensaio com *l*=0,9 obteve-se o melhor desempenho, porém, com *l*=0,8 o IAU (esforço de controle) foi melhor. É importante verificar que novamente o FOPI foi melhor que o IOPI em questão de desempenho de erro, esforço de controle e variabilidade do processo.

Figura 86 – Ensaio TIP/FOPI/Modo Regulatório/Erro/MV/PV

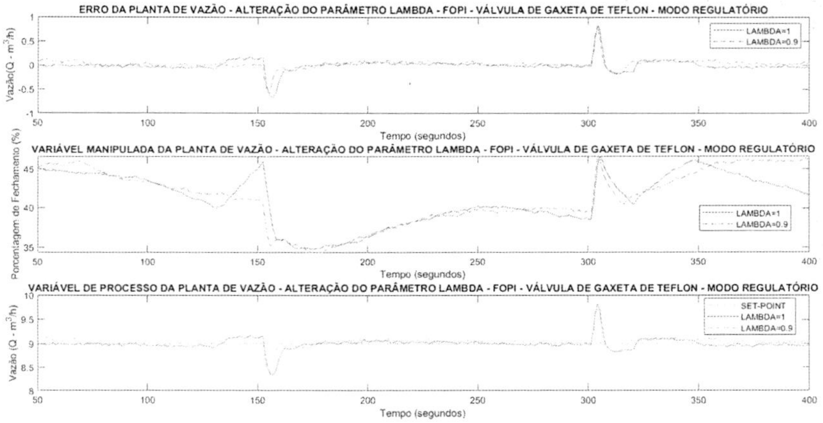

Fonte: o autor

Para os ensaios com grafite I/P no modo regulatório, na Tabela 43 e na Figura 87 são vistos os resultados e o melhor controlador novamente é o FOPI com *l*=0,8. Outro detalhe importante é a baixa variabilidade do PV do FOPI com *l*=0,8.

Tabela 43 – Ensaio GIP/FOPI/Modo Regulatório/Erros/Variabilidade

Ensaio Grafite – Conversor I/P Modo Regulatório – Bhaskaran							
	ISE	IAE	ITAE	ITSE	IAU	Variabilidade%
$\lambda = 1.2$	54,157	114,750	25306,2	11869,653	1637,6	15,73
$\lambda = 1.1$	18,423	61,675	13603,0	4178,478	1568,2	9,18
$\lambda = 1.0$	9,114	42,231	9225,6	2085,512	1715,3	6,455
$\lambda = 0.9$	3,077	21,984	5082,0	780,200	1715,9	3,72
$\lambda = 0.8$	2,950	18,833	4189,7	720,860	1460,7	3,50

Fonte: o autor

Figura 87 – Trecho da dinâmica GIP/Modo Regulatório

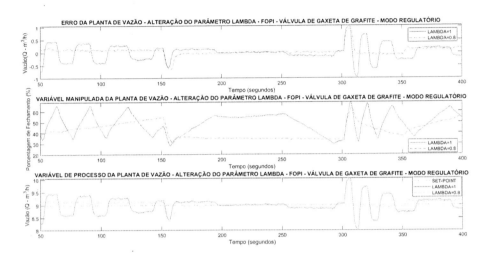

Fonte: o autor

A Tabela 44 compara os resultados dos controladores FOPI e IOPI sintonizados pelo método de Bhaskaran.

Tabela 44 – Comparativo de desempenho entre os controladores FOPI x IOPI – Método de Bhaskaran

Comparativo de desempenho entre os controladores FOPI x IOPI – Método de Bhaskaran		
TIPO DE VÁLVULA	MODO SERVO	MODO REGULATÓRIO
GIP	FOPI	FOPI
TIP	FOPI	FOPI
GEP	FOPI	IOPI
TEP	FOPI	IOPI
GFF	FOPI	FOPI
TFF	FOPI	FOPI

Fonte: o autor

Conforme a Tabela 44, observa-se que o melhor desempenho, de modo geral, é dado pelo controlador FOPI nos ensaios realizados. Portanto, o desempenho dos controladores FOPI pelo método de Bhaskaran foi melhor que o dos controladores IOPI, porém, para válvulas com posicionadores eletropneumático e Fieldbus Foundation, nos ensaios ocorreram muitas oscilações na variável controlada e no esforço de controle. Para esses posicionadores, não é aceitável esse comportamento devido à sua característica, que normalmente é de diminuir este comportamento oscilatório. Essa situação se deve ao método de sintonia de Bhaskaran gerar valores elevados aos ganhos dos controladores e, consequentemente, torná-los não robustos. É importante ressaltar que no modo regulatório os posicionadores eletropneumático e FF obtiveram ótimos resultados se comparado com conversor I/P no mesmo modo de operação. Assim, o próximo método usado para a sintonia do controlador FOPI é o método de otimização inserido na Toolbox do Matlab FOMCON, no qual há um sistema de auto-tune para os ganhos inteiros e fracionários do controlador. Espera-se, assim, atingir uma melhor robustez do controlador e diminuir as oscilações e variabilidade na malha de controle.

5.2 MÉTODO DE OTIMIZAÇÃO COM ALGORITMOS E ÍNDICES DE ERROS PARA AUTO-TUNING COM TOOLBOX FOMCON

Nesta seção é feita uma busca por um método de sintonia que se baseia em algoritmos de otimização para os parâmetros inteiros K_p, K_i e fracionário λ, e melhoria na robustez do controlador FOPI. Como já citado em capítulos anteriores, Tepljakov desenvolveu uma Toolbox em ambiente Matlab, visando à sintonia de controladores fracionários com auto-tune, chamada de FOMCON. Essa Toolbox precisa de parâmetros e configurações para sintonizar o controlador fracionário: tipo de algoritmo de otimização, margem de fase, margem de ganho, modelo matemático do processo linear inteiro ou fracionário, tipo de algoritmo de otimização (Nelder-Mead, Interior-point, SQP e Active-set), desempenho métrico (ISE, IAE, ITSE e ITAE) e restrições para os ganhos inteiros e fracionários do controlador Kp, τi, λ, Kd e μ, entre outros, conforme a Figura 88.

Figura 88 – Auto-tune FPID Optimization Tool da FOMCON Matlab

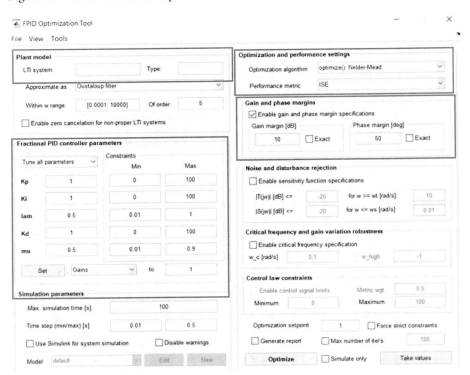

Fonte: o autor

Conforme visto na Figura 88, há muitos atributos da toolbox a serem ajustados para sintonizar os parâmetros do controlador, porém, os principais são: selecionar qual será o algoritmo e a métrica para a sintonia, fornecer o modelo matemático do processo e inserir valores iniciais para os parâmetros do controlador fracionário, para uma busca mais direcionada do algoritmo de otimização da toolbox. Na toolbox há 16 modos diferentes para a sintonia do controlador: desempenho de otimização (quatro tipos) e métrica (quatro tipos), portanto, muitos testes a serem realizados para dois tipos de válvulas (com gaxetas de teflon e de grafite) e dois posicionadores (eletropneumático e FF) e um conversor I/P. Para um direcionamento metodológico prático para encontrar a melhor forma de sintonia do controlador fracionário, em função dos parâmetros que devem ser usados para a sintonia, foram re___'_____aios _ a planta-piloto de vazão com a válvula com gaxetas de grafite e conversor I/P, e inserido na toolbox o modelo conforme a Equação (45), a inserção de valores iniciais para os parâmetros K_p, K_i e λ fornecidos pelo método de Bhaskaran, como já explicada essa necessidade para a sintonia do controlador com valores prévios. Com a toolbox configurada, conforme supracitado, foi fornecida por ela o valor dos parâmetros K_p, K_i e λ, para os quatro métodos de otimização e métrica, conforme Tabelas 45 a 48. Com os valores fornecidos dos parâmetros do controlador, foram realizados os ensaios na planta-piloto de vazão com a válvula com gaxetas de grafite com conversor I/P. Desta forma empírica, é possível definir o melhor parâmetro de otimização e métrica para a sintonia do controlador, em função dos menores índices de erro. Com a melhor métrica e o algoritmo definidos, foram realizados ensaios para as válvulas com gaxetas de teflon e de grafite, com os dois tipos de posicionadores e com o conversor I/P. O porquê da seleção da válvula com gaxetas de grafite com conversor I/P é por ser a situação mais crítica para o controle de vazão, pois, nessa configuração, fica evidente a não linearidade da planta em muitas faixas de set-point, consequentemente, os algoritmos e métricas são testados na situação mais complexa. Nas Tabelas 45 a 48 são apresentados os valores calculados pela toolbox, conforme a metodologia supracitada:

Tabela 45 – Método de otimização – Nelder-Mead – GIP – ISE/IAE/ITAE/ITSE

OTIMIZAÇÃO NELDER-MEAD GRAFITE I/P				
PARAMETRO/ÍNDICE	ISE	IAE	ITAE	ITSE
K_p	0,4240	0,3350	0,1670	0,0010
K_I	2,5050	2,5590	2,6990	3,4021
λ	0,5720	0,5651	0,5570	0,5160

Fonte: o autor

Tabela 46 – Método de otimização – Interior-Point – GIP – ISE/IAE/ITAE/ITSE

OTIMIZAÇÃO INTERIOR POINT GRAFITE I/P				
PARAMETRO/ÍNDICE	ISE	IAE	ITAE	ITSE
K_p	0,4450	1,3740	2,9180	0,0070
K_I	2,1230	0,8560	0,9600	1,5040
λ	0,6140	0,6190	0,9520	0,6370

Fonte: o autor

Tabela 47 – Método de otimização – SQP – GIP – ISE/IAE/ITAE/ITSE

PARÂME-TRO/ÍNDICE	OTIMIZAÇÃO SQP GRAFITE I/P			
	ISE	IAE	ITAE	ITSE
K_p	1,9960	0,5310	0,0010	1,9128
K_I	0,8810	1,1300	1,1600	0,0010
λ	0,9980	0,8358	0,6600	0,0100

Fonte: o autor

Tabela 48 – Método de otimização – Active-Set – GIP – ISE/IAE/ITAE/ITSE

PARÂME-TRO/ÍNDICE	OTIMIZAÇÃO ACTIVE-SET GRAFITE I/P			
	ISE	IAE	ITAE	ITSE
K_p	2,3868	1,9650	0,5625	0,6570
K_I	0,3710	0,3260	0,8792	0,8390
λ	1,0000	0,9780	0,7650	0,9880

Fonte: o autor

Conforme as tabelas acima, foram realizados os ensaios na planta com as sintonias calculadas pela toolbox. Para avaliação do desempenho da malha, foram usados os mesmos critérios da seção 5.1: ISE, IAE, ITAE, ITSE, IAU e variabilidade. Nas Tabelas 49 a 52 são apresentados os resultados dos ensaios que foram realizados em função das sintonias fornecidas pelas Tabelas 45 a 48. A análise consiste em verificar qual o algoritmo e a métrica que obteve o melhor desempenho e pelo número de vezes que esses menores erros foram obtidos, ou seja, a quantidade de vezes que esses dois atributos para a sintonia do controlador apresentam os menores erros. Nas Tabelas 49 a 52 foram destacados os menores erros dos ensaios realizados.

Tabela 49 – Ensaio GIP/ Modo Servo/ Otimização Active Set/ Erros

MÉTRICA/ÍNDICE	Ensaio Grafite – Conversor I/P Modo Servo – Active Set					
	ISE	IAE	ITAE	ITSE	IAU	Variabilidade%
IAE	134,5749	189,0962	62101,5985	46422,3550	2667,3229	21,90
ISE	157,4797	202,0010	43520,4467	26727,7875	2743,3679	23,84
ITAE	708,6174	543,5736	160908,7695	22116,5574	3150,0000	10,96
ITSE	34,2356	83,3401	21866,0968	87308,2844	2463,5845	10,89

Fonte: o autor

Tabela 50 – Ensaio GIP/ Modo Servo/ Otimização Interior Point/ Erros

MÉTRICA/ÍNDICE	Ensaio Grafite – Conversor I/P Modo Servo – Interior Point					
	ISE	IAE	ITAE	ITSE	IAU	Variabilidade%
IAE	94,3840	156,8355	45509,6118	27974,3232	2444,1348	17,00
ISE	96,1650	160,5128	42086,7168	22755,4897	2688,7857	18,44
ITAE	39,1765	88,1064	26528,7319	12696,6401	2394,5418	11,37
ITSE	61,7938	112,6659	28871,0914	13939,1038	2412,6327	14,85

Fonte: o autor

Tabela 51 – Ensaio GIP/ Modo Servo/ Otimização Nelder Mead/ Erros

MÉTRICA/ÍNDICE	Ensaio Grafite – Conversor I/P Modo Servo – Nelder Mead					
	ISE	IAE	ITAE	ITSE	IAU	Variabilidade%
IAE	201,5297	234,2394	60691,2395	46757,2636	2706,7127	24,94
ISE	149,4766	193,0943	46906,4617	30143,5431	2654,0065	21,93
ITAE	59,5581	99,4133	18360,7035	78588,8121	2462,4558	14,51
ITSE	22,6513	65,7655	17992,2064	56835,8032	2486,9431	8,57

Fonte: o autor

Tabela 52 – Ensaio GIP/ Modo Servo/ Otimização SQP/ Erros

MÉTRICA/ÍNDICE	ISE	IAE	ITAE	ITSE	IAU	Variabilidade%
IAE	169,5587	187,2662	34156,6736	23412,4629	2734,7052	24,73
ISE	124,0904	173,7776	38629,2467	23147,0148	2986,3266	21,10
ITAE	773,6902	568,2147	16604,6844	23610,2016	1086,9819	11,29
ITSE	23,5917	69,5260	16791,0685	45412,0264	2405,2799	9,15

Ensaio Grafite – Conversor I/P Modo Servo – SQP

Fonte: o autor

Conforme observado nas Tabelas 49 a 52, a métrica ITSE apresentou os menores erros, de maneira mais repetitiva, entre os ensaios realizados, e o melhor desempenho, com menor índice de erros, foi apresentado pelo método de otimização Nelder Mead, portanto, foram selecionados esses dois parâmetros para a sintonia da toolbox FOMCON: Nelder Mead e ITSE, e consequentemente, é possível realizar os demais ensaios com as válvulas de gaxeta de grafite e teflon, os dois posicionadores (eletropneumático e FF) e o conversor I/P. É preciso inserir um valor de pré-ajuste para os ganhos K_p, K_i e λ na toolbox, como já mencionado, para a sintonia do controlador. Segundo Mesquita (2020), o valor de K_p = 0,3 e de K_i = 0,22 são valores ótimos para realizar os testes com os posicionadores eletropneumático e FF, conversor I/P, válvula com gaxetas de grafite e teflon. Para o parâmetro λ, foi atribuído o valor arbitrário de 1. As equações usadas para a sintonia da toolbox foram a (40) até (45), válvula com gaxetas de teflon com posicionador eletropneumático, válvula com gaxetas de grafite com posicionador eletropneumático, válvula com gaxetas de teflon com posicionador FF, válvula com gaxetas de grafite com posicionador FF, válvula com gaxetas de teflon com conversor I/P e válvula com gaxetas de grafite com conversor I/P, respectivamente. Na Tabela 53 são apresentados os valores da sintonia.

Tabela 53 – Sintonia dos parâmetros de do controlador FOPI com a toolbox FOMCON

\multicolumn{4}{c}{Sintonia do controlador FOPI com FOMCON}
TIPO DE VÁLVULA	K_p	K_i	λ
TIP	0,7	0,27	0,95
GIP	0,31	0,5	0,9
TEP			
GEP	0,32	0,23	0,97
TFF			
GFF			

Fonte: o autor

É importante ressaltar l com valores próximos a 1, pois são valores significativos para a melhoria de desempenho da planta conforme observado em ensaios empíricos realizados. Os ensaios foram realizados de acordo com a metodologia preconizada na seção 5.1 para os modos servo e regulatório. Nas Tabelas 54 e 55 e Figuras 89 e 90 são apresentados os resultados obtidos para a válvula com gaxeta de grafite com posicionador eletropneumático.

Tabela 54 – Índices de desempenho da válvula com gaxetas de grafite com posicionador eletropneumático modo servo Nelder Mead/ITSE

\multicolumn{7}{c}{Ensaio gaxeta de grafite – Posicionador Eletropneumático Modo Servo – Nelder Mead – ITSE}
CONTROLADOR	ISE	IAE	ITAE	ITSE	IAU	Variabilidade%
FOPI	5,6804	19,1041	4838,3	1422,4	2116,4	4,49
PI	5,397	17,9172	4588,3	1346,2	2119,6	4,38

Fonte: o autor

Tabela 55 – Índices de desempenho da válvula com gaxetas de grafite com posicionador eletropneumático modo servo Nelder Mead/ITSE

\multicolumn{7}{c}{Ensaio gaxeta de grafite – Posicionador Eletropneumático Modo Regulatório – Nelder Mead – ITSE}
CONTROLADOR	ISE	IAE	ITAE	ITSE	IAU	Variabilidade%
FOPI	2,1158	10,9908	2490,7	510	1542,2	3,1
PI	2,2424	10,8449	2488,2	535,19	1554,1	3,2

Fonte: o autor

Figura 89 – Desempenho da válvula com gaxetas de grafite com posicionador eletropneumático modo servo Nelder Mead/ITSE

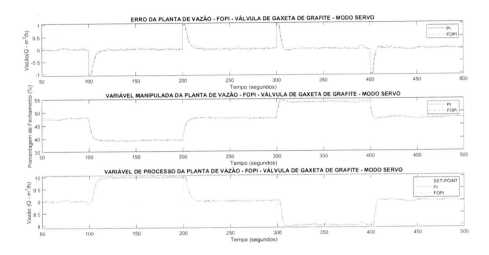

Fonte: o autor

Figura 90 – Desempenho da válvula com gaxetas de grafite com posicionador eletropneumático modo regulatório Nelder Mead/ITSE

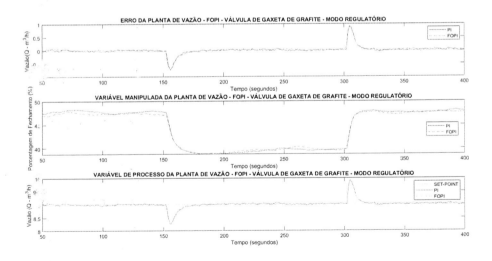

Fonte: o autor

No modo servo, os melhores índices de desempenho foram do controlador PI e no modo regulatório do controlador FOPI, conforme Tabelas 54 e 55. Nas Figuras 89 e 90, analisando-se o comportamento da planta de vazão, na MV houve poucas oscilações. A característica de resposta do processo é de um sistema superamortecido. No modo servo, o PI atingiu um desempenho melhor que o FOPI, com erros menores e o FOPI foi melhor no modo regulatório, com mais índices de erros menores que o do IOPI. Novamente, a robustez foi comprovada pelos resultados dos ensaios na planta. As Tabelas 56 e 57 e as Figuras 91 e 92 apresentam o desempenho da válvula com gaxetas de teflon com posicionador eletropneumático.

Tabela 56 – Índices de desempenho da válvula com gaxetas de teflon com posicionador eletropneumático modo servo Nelder Mead/ITSE

CONTRO-LADOR	ISE	IAE	ITAE	ITSE	IAU	Variabilidade%
FOPI	5,1355	17,3014	4344,2	1262,5	2013,3	4,27
PI	5,2705	18,0606	4869,7	1329	2011,9	4,2

Fonte: o autor

Tabela 57 – Índices de desempenho da válvula com gaxetas de teflon com posicionador eletropneumático modo servo Nelder Mead/ITSE

Ensaio gaxeta de teflon – Posicionador Eletropneumático Modo Regulatório – Nelder Mead – ITSE

CONTRO-LADOR	ISE	IAE	ITAE	ITSE	IAU	Variabilidade%
FOPI	2,1063	10,6468	2377,7	520,73	1471,8	3,1
PI	2,0814	10,0464	2266,3	506,82	1471,2	3,08

Fonte: o autor

Figura 91 – Desempenho da válvula com gaxetas de teflon com posicionador eletropneumático modo servo Nelder Mead/ITSE

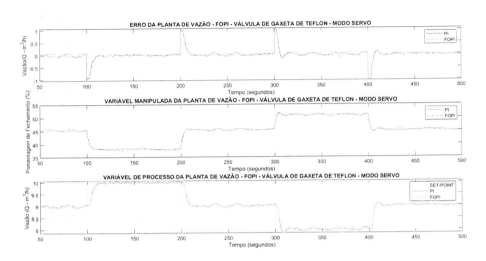

Fonte: o autor

Figura 92 – Desempenho da válvula de gaxeta de teflon com posicionador eletropneumático modo regulatório Nelder Mead/ITSE

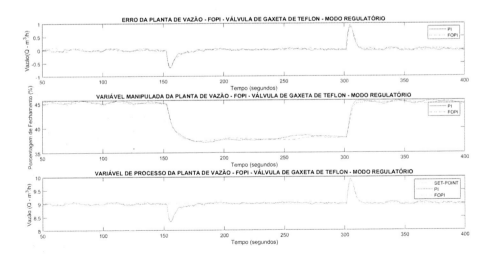

Fonte: o autor

No modo servo, o controlador FOPI teve o melhor desempenho com erros menores, mas o PI foi melhor no modo regulatório. Nota-se a excelente robustez de ambos os controladores (FOPI e PI). É possível ver nas Figuras 91 e 92 que o comportamento dos controladores é muito próximo. Deve-se ressaltar que os parâmetros K_p e K_i foram sintonizados por um algoritmo específico para o controlador fracionário, sendo a sintonia do controlador IOPI oriunda do FOPI, pois os ganhos K_p e K_i do controlador IOPI são sintonizados como se fossem um controlador fracionário com $l=1$. Essa sintonia ocorre em todos os ensaios feitos com as válvulas com gaxetas de teflon e de grafite e para os dois posicionadores e conversor I/P e gera bons resultados, como se vê pelos índices de desempenho dos ensaios, devido ao comportamento superamortecido da resposta do processo, esforço de controle mais suavizado e pouco oscilatório e robustez do controlador a mudanças no set-point e perturbações. O efeito das mudanças da ordem de integração fracionária é observado pela ponderação de l e um ponto relevante é que o parâmetro l não afeta as oscilações e a resposta do sistema, somente os parâmetros K_i ou T_I (TEJADO et al., 2019) afetam essas dinâmicas. Na Tabela 56 o melhor desempenho é do controlador PI, com a maioria dos índices de desempenho com os menores erros. Na Tabela 57 o melhor desempenho é do controlador FOPI. No modo servo, as caraterísticas de um sistema superamortecido também são dominantes para ambos os controladores, sem sobressinal. O esforço de controle para ambos também está suavizado e sem oscilações, refletindo diretamente na PV, além de uma ótima robustez para os dois controladores. Nas Tabelas 58 e 59 e Figuras 93 e 94 se apresentam os resultados obtidos dos ensaios feitos com as válvulas com gaxetas de grafite com posicionador FF para os modos servo e regulatório.

Tabela 58 – Índices de desempenho da válvula com gaxetas de grafite com posicionador FF modo servo Nelder Mead/ITSE

Ensaio gaxeta de grafite – Posicionador FF Modo Servo – Nelder Mead – ITSE						
CONTROLADOR	ISE	IAE	ITAE	ITSE	IAU	Variabilidade%
FOPI	6,4091	21,3086	5702,4	1633,3	2279,3	4,77
PI	6,4588	22,6849	6145,9	1662,2	2295	4,79

Fonte: o autor

Tabela 59 – Índices de desempenho da válvula com gaxetas de grafite com posicionador FF modo regulatório Nelder Mead/ITSE

CONTRO- LADOR	ISE	IAE	ITAE	ITSE	IAU	Variabi- lidade%
OPI	2,5155	11,377	2663,5	630,4876	1657,1	3,38
PI	2,3884	11,1234	2557,8	592,7676	1660,6	3,3

Ensaio gaxeta de grafite – Posicionador FF Modo Regulatório – Nelder Mead – ITSE

Fonte: o autor

Figura 93 – Desempenho da válvula com gaxetas de grafite com posicionador FF modo servo Nelder Mead/ITSE

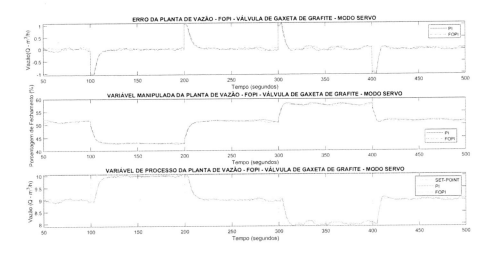

Fonte: o autor

Figura 94 – Desempenho da válvula com gaxetas de grafite com posicionador FF modo regulatório Nelder Mead/ITSE

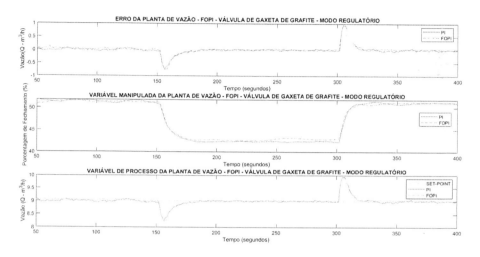

Fonte: o autor

No modo servo, o controlador FOPI foi o que gerou menores índices de erro, mas no modo regulatório, o IOPI teve melhor desempenho, com os menores índices de erro. As características de desempenho se mantiveram como nos ensaios anteriores: comportamento superamortecido da resposta do processo, esforço de controle mais suavizado e pouco oscilatório e robustez do controlador em mudanças de set-point e perturbação. Nas Tabelas 60 e 61 e Figuras 95 e 96 se veem os resultados dos ensaios feitos com a válvula com gaxetas de teflon com posicionador FF nos modos servo e regulatório.

Tabela 60 – Desempenho da válvula com gaxetas de teflon com posicionador FF modo servo Nelder Mead/ITSE

Ensaio gaxeta de teflon – Posicionador FF Modo Servo – Nelder Mead – ITSE						
CONTRO-LADOR	ISE	IAE	ITAE	ITSE	IAU	Variabi-lidade%
FOPI	5,4696	2318,6	4461	1347,8	2318,6	4,4
PI	5,6507	2317,5	4590	1421,3	2317,5	4,48

Fonte: o autor

Tabela 61 – Desempenho da válvula com gaxetas de teflon com posicionador FF modo regulatório Nelder Mead/ITSE

CONTRO-LADOR	ISE	IAE	ITAE	ITSE	IAU	Variabi-lidade%
FOPI	2,1924	11,4615	2607,2	531,1989	1692	3,16
PI	2,3045	10,2099	2329,9	555,3623	1970	3,25

Ensaio gaxeta de teflon – Posicionador FF Modo Regulatório – Nelder Mead – ITSE

Fonte: o autor

Figura 95 – Desempenho da válvula de gaxeta de teflon com posicionador FF modo servo Nelder Mead/ITSE

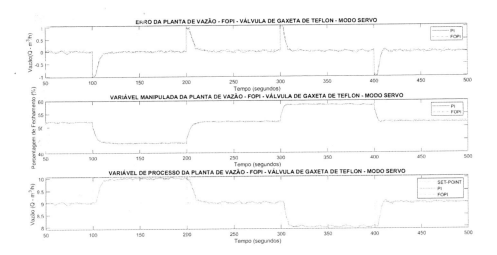

Fonte: o autor

Figura 96 – Desempenho da válvula de gaxeta de teflon com posicionador FF modo regulatório Nelder Mead/ITSE

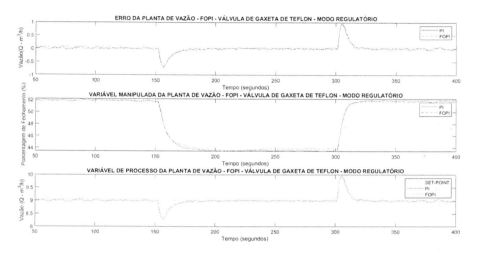

Fonte: o autor

Nos modos servo e regulatório, o controlador FOPI gerou os menores índices de erro e comportamento superamortecido da resposta do processo, esforço de controle mais suavizado e pouco oscilatório e robustez do controlador em mudanças de set-point e perturbação. Nas Tabelas 62 e 63 e Figuras 97 e 98 são apresentados os resultados dos ensaios para válvula com gaxetas de grafite com conversor I/P, nos modos servo e regulatório.

Tabela 62 – Índices de desempenho da válvula com gaxetas de grafite com conversor I/P modo servo Nelder Mead/ITSE

Ensaio gaxeta de grafite – Conversor I/P Modo Servo – Nelder Mead – ITSE						
CONTROLADOR	ISE	IAE	ITAE	ITSE	IAU	Variabilidade%
FOPI	14,5487	45,0031	12589	3703,3	2200,6	7,'
PI	12,1738	62,3459	17373	3328,2	2288,4	6,5
PI - MESQUITA (2020)	21,6908	49,6608	12590	5316,3	2320,4	8,79

Fonte: o autor

Tabela 63 – Índices de desempenho da válvula com gaxetas de grafite com conversor I/P modo regulatório Nelder Mead/ITSE

Ensaio gaxeta de grafite – Conversor I/P Modo regulatório – Nelder Mead – ITSE						
CONTROLADOR	ISE	IAE	ITAE	ITSE	IAU	Variabilidade%
FOPI	4,3074	22,8417	6121,7	1130,9	1546,8	4,44
PI	6,1733	36,1693	7973,9	1356,3	1683,5	5,32
PI - MESQUITA (2020)	12,5212	32,8527	8291,4	3154,4	1731,5	7,57

Fonte: o autor

Figura 97 – Desempenho da válvula com gaxetas de grafite com conversor I/P modo servo Nelder Mead/ITSE

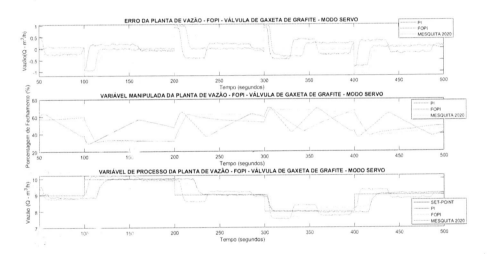

Fonte: o autor

Figura 98 – Desempenho da válvula com gaxetas de grafite com conversor I/P modo regulatório Nelder Mead/ITSE

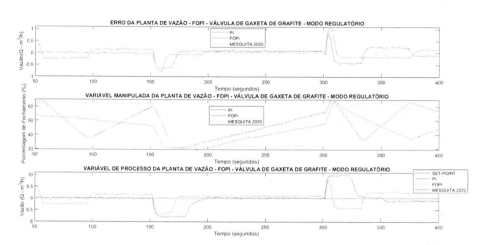

Fonte: o autor

Observa-se que foram também realizados os testes com a sintonia ótima mencionada por Mesquita (2020), apenas para efeito comparativo com a sintonia feita pela toolbox FOMCON. Há também uma sintonia com $\lambda=1$, ou seja, um controlador PI, porém com a sintonia dos ganhos *Kp* e *Ki* realizada pela toolbox FOMCON. Essa metodologia de aplicação para comparar o desempenho dos controladores FOPI X PI é a mesma usada na seção 5.1. Na Tabela 62, ensaios em modo servo, o desempenho da sintonia ótima de Mesquita (2020), em todos os índices, atingiu os maiores erros, enquanto o FOPI e PI estão com a mesma quantidade de índices de desempenho com menor erro, três índices para cada controlador, ou seja, estão com desempenho similar. Na Tabela 63, no modo regulatório, o FOPI obteve o melhor desempenho em todos os índices, portanto, os menores erros.

Observando os gráficos da Figura 97, no modo servo, na resposta da vazão não ocorreu sobressinal, um comportamento de um sistema superamortecido. Não são analisados os atributos de regime transistório devido à resposta da planta e principalmente, pela constatação feita na seção 5.1, em que os critérios de regime transistório não afetam diretamente o desempenho da malha de controle, portanto não é indicativo de melhora nos índices de desempenho de erro. É importante mencionar que a análise do regime transitório não é analisada para os demais ensaios também, devido à constatação da não influência nos índices dos erros, como já observado. Na Figura 98, no modo regulatório, em 150 s e 300 s, devido à perturbação, há um subsinal e sobressinal, em que os picos que estão muito próximos a 150 s a diferença é menor que 1%, em 300 s a variação de sobressinal é de 2,3%, ou seja, muito pequena, para uma análise detalhada, e como já mencionado, também não afeta os índices de desempenho de erro da malha. Um detalhe muito importante é a suavização do controle em uma malha em que as não linearidades são predominantes e o controlador FOPI apresentou uma boa eficiência. Nas Figuras 97 e 98, no esforço de controle (variável manipulada – MV), nota-se um esforço menos agressivo e pouco oscilatório. Devido à sintonia do controlador e ao uso do conversor I/P, o esforço de controle é mais oscilatório e agressivo, consequentemente, a variável de processo mais instável e a malha de controle com maiores índices de erro. Não é mais analisado o desempenho de ensaios da planta de vazão com a sintonia ótima de Mesquita (2020) para as demais válvulas, pois a proposta desta obra não é comparar métodos de sintonia de controladores IOPI x FOPI, mas, sim, comparar o desempenho de controladores IOPI x FOPI. Vê-se que o controlador FOPI se mostrou mais eficiente com relação à sintonia ótima de Mesquita (2020), conforme os índices vistos nas Tabelas 62 e 63, com a configuração menos eficiente de controle da planta de vazão, que é a válvula com gaxetas de grafite com conversor I/P.

Portanto, observando os ensaios nos modos servo e regulatório, é possível definir que o melhor desempenho é do controlador FOPI pelos índices de desempenho apresentados e também pelo comportamento dos gráficos mostrados nas Figuras 97 e 98. Nas Tabelas 64 e 65 e Figuras 99 e 100, são apresentados o desempenho da válvula com gaxetas de teflon com conversor I/P, modo servo e regulatório, respectivamente. Um fator extremamente importante: uma ótima robustez foi atinginda para ambos os controladores e nos dois modos de operação, servo e regulatório, ou seja, destaca-se a melhoria significativa de desempenho ao se considerar o auto-tuning dos controladores de ordem fracionária.

Tabela 64 – Índices de desempenho da válvula com gaxetas de teflon com conversor I/P modo servo Nelder Mead/ITSE

\multicolumn{7}{c}{Ensaio gaxeta de teflon – Conversor I/P Modo Servo – Nelder Mead – ITSE}
CONTRO-LADOR	ISE	IAE	ITAE	ITSE	IAU	Variabi-lidade%
FOPI	5,4905	21,4436	5433,3	1323,6	1922,8	4,41
PI	3,75	17,9474	4909,7	920,85	1944	3,65

Fonte: o autor

Tabela 65 – Índices de desempenho da válvula com gaxetas de teflon co... /P modo regulatório Nelder Mead/ITSE

\multicolumn{7}{c}{Ensaio gaxeta de teflon – Conversor I/P Modo Regulatório – Nelder Mead – ITSE}
CONTRO-LADOR	ISE	IAE	ITAE	ITSE	IAU	Variabi-lidade%
FOPI	1,6842	10,0024	2433,3	432,53	1416,5	2,75
PI	1,8553	10,6597	2656,8	504,9	1390,5	2,91

Fonte: o autor

Figura 99 – Desempenho da válvula com gaxetas de teflon com conversor I/P modo servo Nelder Mead/ITSE

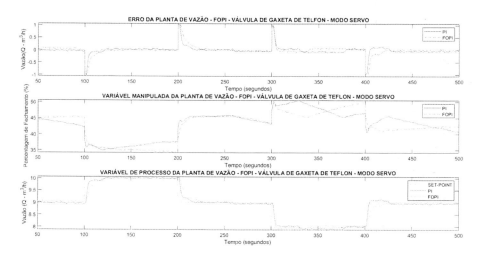

Fonte: o autor

Figura 100 – Desempenho da válvula com gaxetas de teflon com conversor I/P modo regulatório Nelder Mead/ITSE

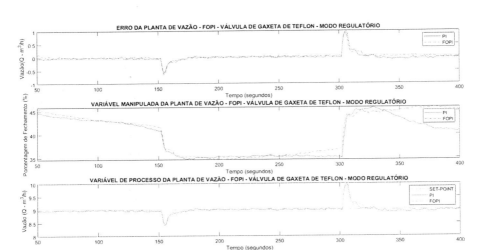

Fonte: o autor

Na Tabela 64 o melhor desempenho é do controlador PI, com a maioria dos índices de desempenho com os menores erros. Na Tabela 65 o melhor desempenho é do controlador FOPI. No modo servo, as características de um sistema superamortecido também são dominantes para ambos os controladores, sem sobressinal. O esforço de controle para ambos também está suavizado e sem oscilações, refletindo diretamente na PV, além de uma ótima robustez para os dois controladores.

A Tabela 66 compara os resultados dos controladores FOPI e IOPI simulados pelo método de otimização de Nelder Mead e é feita uma comparação para verificar qual controlador obteve o melhor desempenho nos testes realizados.

Tabela 66 – Comparativo de desempenho entre os controladores FOPI x IOPI – Nelder Mead/ITSE

Comparativo de desempenho entre os controladores FOPI x IOPI – Nelder Mead/ITSE		
CONTROLADOR	MODO SERVO	MODO REGULATÓRIO
GIP	FOPI/IOPI	FOPI
TIP	IOPI	FOPI

Comparativo de desempenho entre os controladores FO x IOPI – Nelder Mead/ITSE

CONTROLADOR	MODO SERVO	MODO REGULATÓRIO
GEP	IOPI	FOPI
TEP	FOPI	IOPI
GFF	FOPI	IOPI
TFF	FOPI	FOPI

Fonte: o autor

Conforme a Tabela 66, observa-se que o melhor desempenho, de modo geral, é dado pelo controlador FOPI nos ensaios realizados. Conforme mencionado no final da seção 5.1, era necessário buscar um método de sintonia no qual estivesse presente mais robustez do controlador e um esforço de controle mais suavizado, ou seja, menos agressivo para uma maior estabilidade do processo e, consequentemente, uma PV mais estável, portanto, foram atingidos todos esses objetivos com o método de sintonia usando algoritmo de sintonia do controlador FOPI. Na próxima seção, é explorado o método de sintonia analítico, ou seja, um método que envolve apenas cálculos em função do modelo matemático da planta e configuração da malha de controle fechada.

5.3 MÉTODO ANALÍTICO DE SINTONIA DO CONTROLADOR FOPI DE SENOL E DEMIROGLU

Este é o método que propõe um projeto analítico para controladores FOPI com base em sistema de primeira ordem com tempo morto ou First Order Plus Time Delay (FOPTD), em malha fechada, para projetar um controlador para atender às propriedades de frequência e fase, para satisfazer a estabilidade e robustez do sistema. Um fator importante neste método é a *frequency frame* ou quadro de frequência, que engloba as curvas entre as frequências de margem de fase e de ganho, ilustradas pelo gráfico de Bode. Esse método foi desenvolvido por Senol e Demiroglu (2019).

O escopo de projeto do controlador se baseia no domínio da frequência e é fundamental a determinação das tolerâncias das margens de fase e ganho para manter a estabilidade do sistema. Assim, uma ferramenta como o diagrama de Bode pode fornecer os parâmetros de frequência de margem de fase e de ganho. Na Figura 101 se encontra um sistema FOPDT em malha aberta, ilustrando as margens de fase e de ganho, PM e GM, respectivamente.

Figura 101 – Diagrama de Bode em malha aberta de um FOPDT

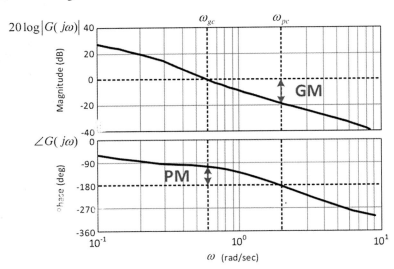

Fonte: Senol; Demiroglu, 2019

Na Figura 101, ω_{gc} é a frequência que a curva de magnitude corta a linha de 0 dB, também chamada de frequência de corte do ganho do sistema. A PM é a margem de fase, que é a diferença do valor de fase em ω_{gc} com −180°. A frequência ω_{pc} é a frequência de corte de fase, e é a curva que corta a linha de −180°. A GM é a margem de ganho de fase, que é a diferença do valor de magnitude de ω_{pc} com a linha de 0 dB. Para se obter as equações do controlador FOPI para um sistema FOPTD, deve-se usar as margens de ganho e fase, GM e PM, respectivamente e as frequências de corte ganho e fase, ω_{gc} e ω_{pc}, respectivamente. Para o projeto do controlador, é preciso usar o modelo da planta e do controlador fracionário para obter os parâmetros K_p, K_i e λ. As Equações (53) e (54) representam a composição do controlador fracionário e um sistema FOPTD, respectivamente.

$$G_p(s)_{FOPDT} = \frac{Ke^{-Ls}}{Ts+1} \qquad (54)$$

Assim, o controlador em malha aberta é proposto pela Equação (55):

$$G(s) = G_c(s)G_p(s) \qquad (55)$$

O método propõe a obtenção dos valores de ω_{gc}, ω_{pc}, GM, PM e Frame, utilizando o controlador e o modelo da planta em malha aberta. Assim, a Figura 102 ilustra esses parâmetros pelo gráfico de Bode.

Figura 102 – Obtenção dos valores para ω_{gc}, ω_{pc}, GM, PM e Frame pelo diagrama de Bode

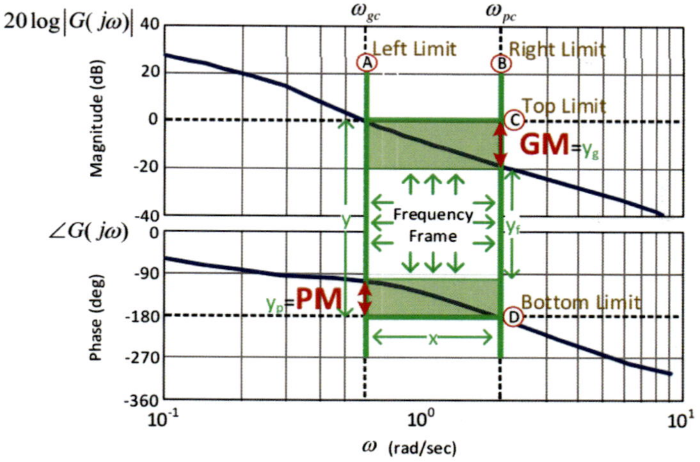

Fonte: Senol; Demiroglu, 2019

A borda esquerda do quadro é denominada como A e a aresta direita como B. Os limites superiores e inferiores são nomeados como C e D, respectivamente. A borda inferior do quadro é destacada por x = $\omega_{pc} - \omega_{gc}$. O limite entre a linha de 0 dB da curva de magnitude é -180, a linha de graus da curva de fase é denotada como y, que é y = yp + yf + yg, em que yp é margem da fase, yg a margem de ganho e yf é a margem do frame. O objetivo do método é garantir a estabilidade e robustez, ao moldar a curva de resposta em função do frame. Um exemplo: ao fixar valores de frequência entre A e B e estreitando a borda y, fornecerá os ajustes para as margens de fase e ganho, assim configurando a estabilidade do sistema, e para a robustez, entre C e D é x, que afetará o nivelamento das curvas. O ajuste de fase desejada e margem de ganho determina a taxa de linearização de magnitude e curvas de fase. O método concentra-se também em calcular equações de estabilidade abrangendo dois valores de frequência: frequências de corte de ganho e fase, que são limitadas na faixa do frame e dentro dessa faixa, e atender às especificações de desempenho e robustez. Assim, é explanado o procedimento para obter as equações propostas para um sistema FOPTD com um controlador FOPI.

A frequência de corte de ganho é dada por ω_{gc} e a margem de fase é PM. Para atender aos requisitos de estabilidade e robustez do sistema, seguindo as especificações da função de transferência de malha aberta $G(s)$, a margem de fase com especificação na frequência de corte de ganho é dada pela Equação (56) e o ganho de frequência de corte, pela Equação (57).

$$\angle G(j\omega_{gc}) = PM - \pi \tag{56}$$

$$|G(j\omega_{gc})| = 1 \tag{57}$$

Para a frequência de corte de fase ω_{pc}, a margem de ganho é GM. A unidade de ω_{pc} deve ser rad/s e a frequência de corte de fase é dada pela Equação (58) e o ganho da frequência de corte de fase é dado pela Equação (59).

$$\angle G(j\omega_{pc}) = -\pi \tag{58}$$

$$|G(j\omega_{pc})| = 10^{GM/20} \tag{59}$$

Em função das especificações das Equações (56), (57), (58) e (59), são desenvolvidas as equações para o controlador FOPI e, assim, a sintonia dos parâmetros K_p, K_i e λ. Senol e Demiroglu (2019) propõem dois teoremas para o cálculo da sintonia do controlador FOPI. O Teorema 1 propõe um sistema FOPTD, que garante a margem de fase desejada, em função da frequência de corte de ganho desejada, conforme as Equações (60), (61) e (62).

$$K_p = \pm \frac{\sqrt{1+T^2\omega_{gc}^2}}{K\sqrt{1+\tan(\varphi_1)^2}} \pm \frac{\sqrt{1+T^2\omega_{gc}^2}\cot\left(\frac{\pi\lambda}{2}\right)\tan(\varphi_1)}{K\sqrt{1+\tan(\varphi_1)^2}} \tag{60}$$

$$G(s) = G_c(s)G_p(s) \tag{61}$$

$$\varphi_1 = PM - \pi + \tan^{-1}(T\omega_{gc}) + L\omega_{gc} \tag{62}$$

O Teorema 2 propõe um sistema FOPTD, que garanta a margem de ganho desejada, em função da frequência de corte de fase desejada, conforme as Equações (63), (64) e (65).

$$K_p = \pm \frac{10^{GM/20}\sqrt{1+T^2\omega_{pc}^2}}{K\sqrt{1+\tan(\varphi_2)^2}} \pm \frac{10^{GM/20}\sqrt{1+T^2\omega_{pc}^2}\cot\left(\frac{\pi\lambda}{2}\right)\tan(\varphi_2)}{K\sqrt{1+\tan(\varphi_2)^2}} \tag{63}$$

$$K_i = \mp \frac{10^{GM/20}\omega_{gc}{}^{\lambda}\sqrt{1+T^2\omega_{pc}^2}\csc\left(\frac{\pi\lambda}{2}\right)\tan(\varphi_2)}{K\sqrt{1+\tan(\varphi_2)^2}} \tag{64}$$

$$\varphi_2 = -\pi + \tan^{-1}(T\omega_{pc}) + L\omega_{pc} \tag{65}$$

Para obter o valor de λ, iguala-se e substituem-se as Equações (60) e (63) e (61) e (64), alterando o valor de λ no intervalo $\in (0,2)$. Assim, na intersecção das curvas de K_p dadas pelas Equações (60) e (63) e K_i dadas pelas Equações (61) e (64), encontra-se o valor de λ para o controlador FOPI. Como exemplo, para entendimento e aplicação do método, tem-se a Equação (66):

$$G_1(s) = \frac{e^{-0.01s}}{0.4s+1} \tag{66}$$

As frequências de corte são selecionadas como ω_{gc} = 10 rad/s, ω_{pc} = 150 rad/s, PM = 50° e intervalo em que $\lambda \in (0,2)$. Na Figura 103 se ilustra o valor encontrado de λ, pela intersecção das curvas de K_p (azul) e K_i (vermelho).

Figura 103 – Intersecção das curvas de K_p (vermelho) e K_i (azul) para encontrar λ

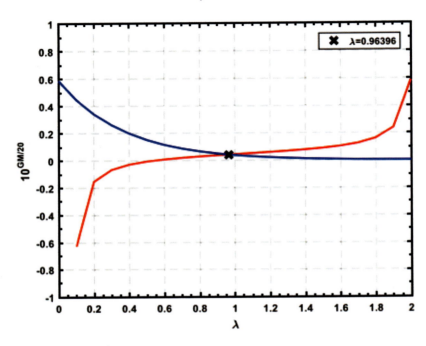

Fonte: Senol; Demiroglu, 2019

Assim, a Equação (67) configura o controlador projetado.

$$C_1(s) = 2{,}56796 + \frac{28{,}3814}{s^{0.968957}} \tag{67}$$

Para verificação e confirmação dos dados do método, no Anexo B se encontra o algoritmo gerado para calcular e projetar o controlador. Na Figura 104 foi aplicado o algoritmo do método e plotados os resultados, como uma forma comparativa em relação ao exemplo supracitado (Figura 103), e conforme se pode visualizar, o valor encontrado em torno de $\lambda \cong 0{,}96$ por Senol e Demiroglu é encontrado também na Figura 105.

Figura 104 – Aplicação do método analítico de Senol e Demiroglu para encontrar o valor de $\lambda \cong 0,96$

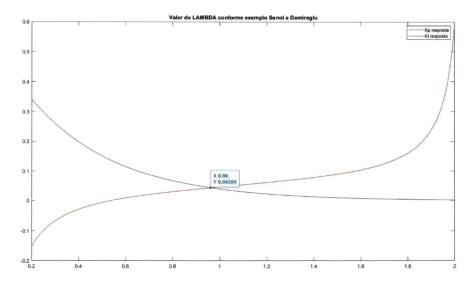

Fonte: o autor

O método foi aplicado à planta-piloto de vazão para a sintonia do controlador FOPI. Os modelos matemáticos usados para a sintonia foram as Equações (40) até (45): válvula com gaxetas de teflon com posicionador eletropneumático (TEP), válvula com gaxetas de grafite com posicionador eletropneumático (GEP), válvula com gaxetas de teflon com posicionador FF (TFF), válvula com gaxetas de grafite com posicionador FF (GFF), válvula com gaxetas de teflon com conversor I/P (TIP) e válvula com gaxetas de grafite com conversor I/P (GIP), respectivamente. Primeiramente, levantou-se o diagrama de Bode das equações supracitadas e nas Figuras 105 e 110 se ilustra o comportamento de cada modelo para cada válvula com a respectiva configuração.

Figura 105 – Diagrama de Bode da válvula com gaxetas de grafite com conversor I/P – GIP

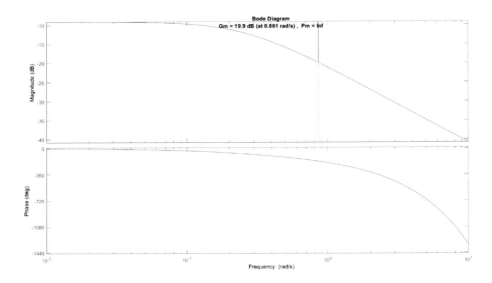

Fonte: o autor

Figura 106 – Diagrama de Bode da válvula com gaxetas de teflon com conversor I/P – TIP

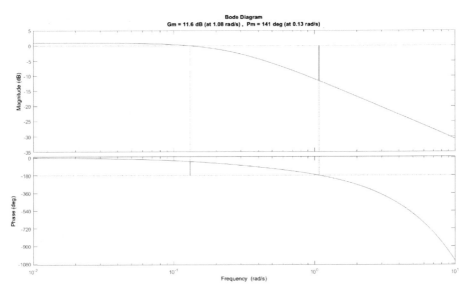

Fonte: o autor

Figura 107 – Diagrama de Bode da válvula com gaxetas de grafite com posicionador eletropneumático – GEP

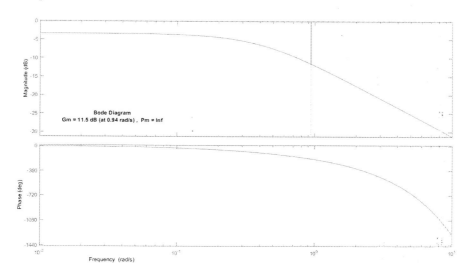

Fonte: o autor

Figura 108 – Diagrama de Bode da válvula com gaxetas de teflon com posicionador eletropneumático – TEP

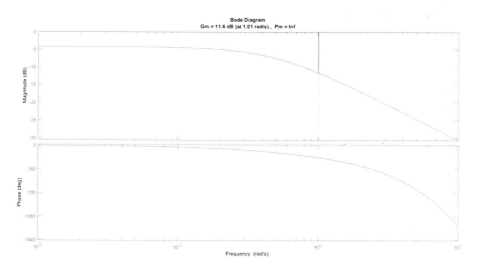

Fonte: o autor

Figura 109 – Diagrama de Bode da válvula com gaxetas de grafite com posicionador FF – GFF

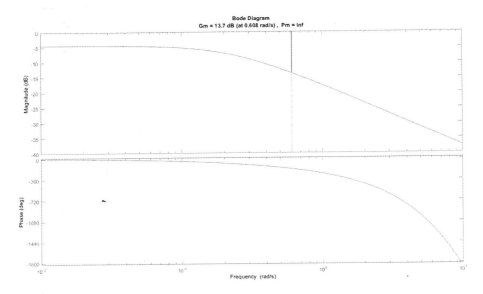

Fonte: o autor

Figura 110 – Diagrama de bode da válvula de gaxeta de teflon com posicionador FF – TFF

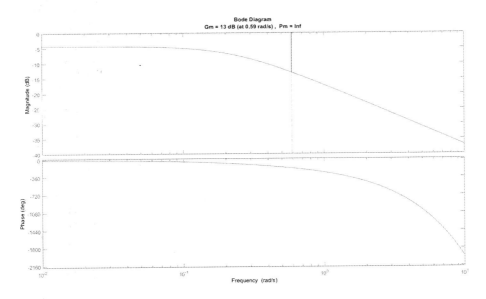

Fonte: o autor

Os resultados dos diagramas de Bode para as válvulas com as configurações supracitadas são apresentados na Tabela 67.

Tabela 67 – Diagrama de Bode das válvulas com gaxetas de grafite/teflon – IP/EP/FF para PM/ ω_{pc} / ω_{gc}

Diagrama de Bode das válvulas com gaxetas de grafite/teflon – IP/EP/FF			
TIPO DE VÁLVULA	PM [º]	ω_{pc}[rad/s]	ω_{gc}[rad/s]
TIP	141	0,13	1,08
GIP	inf	inf	0,861
TEP	inf	inf	1,01
GEP	inf	inf	0,94
TFF	inf	inf	0,608
GFF	inf	inf	0,59

Fonte: o autor

Observa-se na Tabela 67 somente a válvula de gaxeta de teflon com conversor I/P, foi possível extrair os dados para realizar o cálculo dos parâmetros K_p, K_i e λ do controlador, utilizando o método de Senol e Demiroglu. A atribuição "inf" indica que a frequência de corte na fase tende ao infinito, ou seja, não cruza o eixo de ganho. O método preconiza o uso de um frame de frequências e uma taxa de linearização de magnitude nas curvas de fase. Assim, partindo-se desses parâmetros, de maneira empírica, estabeleceu-se uma faixa de frequência de 1 a 2 rad/s para encontrar a frequência de corte de fase (ω_{pc}) e 10 vezes menor para a frequência de corte de ganho (ω_{gc}). O porquê de adotar o critério de 10 vezes menor a ω_{gc} em relação a ω_{pc} é justificado pela ideia de linearização das curvas de ganho e fase e pelas escalas de frequência logarítimica, portanto, formando a frame preconizada para o método. Na Tabela 68, são apresentados os valores selecionados de PM, ω_{pc} e ω_{gc}. Segundo Senol e Demiroglu (2019), a margem de fase (PM) entre os valores 50º a 90º gera valores para atingir uma boa sintonia do controlador para robustez, assim, observa-se que esse parâmetro também foi selecionado de maneira empírica. Os valores de λ foram encontrados variando na faixa de $\lambda \in (0,2)$, utilizando o cálculo/algoritmo do Anexo B, assim, encontrou-se o λ do controlador FOPI (Tabela 68), pelo cruzamento de K_p x K_i, conforme as Figuras 111 a 116. Com a determinação de λ, é possível calcular os valores dos parâmetros K_p e K_i, pelo cálculo/algoritmo do Anexo B. Um fator importante para a determinação de K_p

e K_i é que nas Equações (60), (61), (63) e (64), Teoremas 1 e 2, se notam os sinais de $\pm$ e $\mp$, que podem ser selecionados arbitrariamente, em função do melhor resultado de uma sintonia do controlador, porém esse fato não é mencionado por Senol e Demiroglu (2019).

Tabela 68 – Sintonia do controlador FOPI pelo método de Senol e Demiroglu

TIPO DE VÁLVULA	K_p	K_i	λ	PM[°]	ω_{pc}[rad/s]	ω_{gc}[rad/s]
TIP	0,891	0,135	0,94	90	2,0	0,2
GIP	0,534	0,687	0,85	60	1,63	0,163
TEP	0,613	0,336	0,87	80	1,8	0,18
GEP	0,218	0,344	0,87	80	1,8	0,18
TFF	0,327	0,276	0,82	70	1,1	0,11
GFF	0,405	0,208	0,96	60	1,08	0,108

Fonte: o autor

Novamente, l com valores próximos a 1 são significativos para a melhoria de desempenho da planta conforme observado em ensaios empíricos realizados.

Figura 111 – Sintonia de λ para válvula com gaxetas de grafite com conversor I/P – K_p x K_i

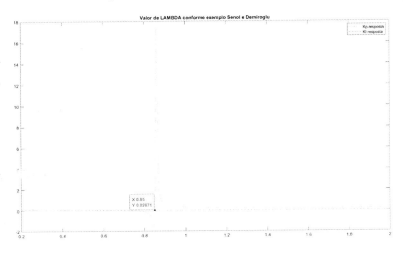

Fonte: o autor

Figura 112 – Sintonia de λ para válvula com gaxetas de teflon com conversor I/P – K_p x K_i

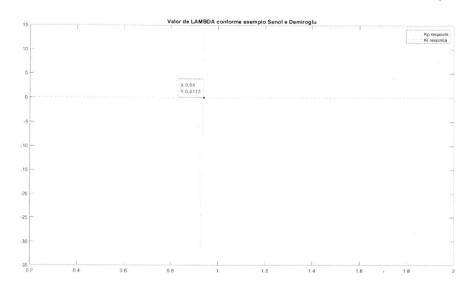

Fonte: o autor

Figura 113 – Sintonia de λ para válvula com gaxetas de grafite com posicionador eletropneumático – K_p x K_i

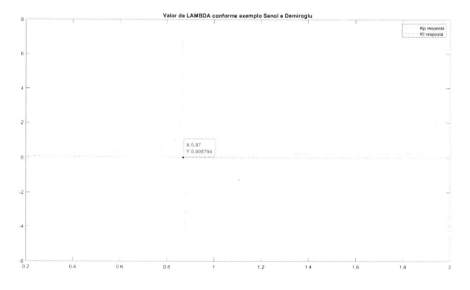

Fonte: o autor

Figura 114 – Sintonia de λ para válvula com gaxetas de teflon com posicionador eletropneumático – K_p x K_i

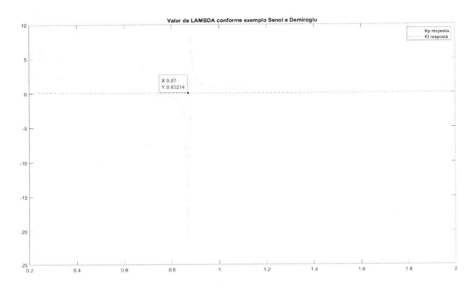

Fonte: o autor

Figura 115 – Sintonia de λ para válvula com gaxetas de grafite com posicionador FF – K_p x K_i

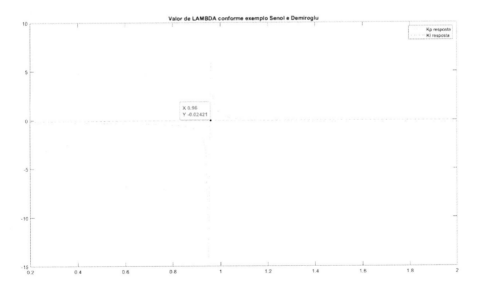

Fonte: o autor

Figura 116 – Sintonia de λ para válvula com gaxetas de teflon com posicionador FF – K_p x K_i

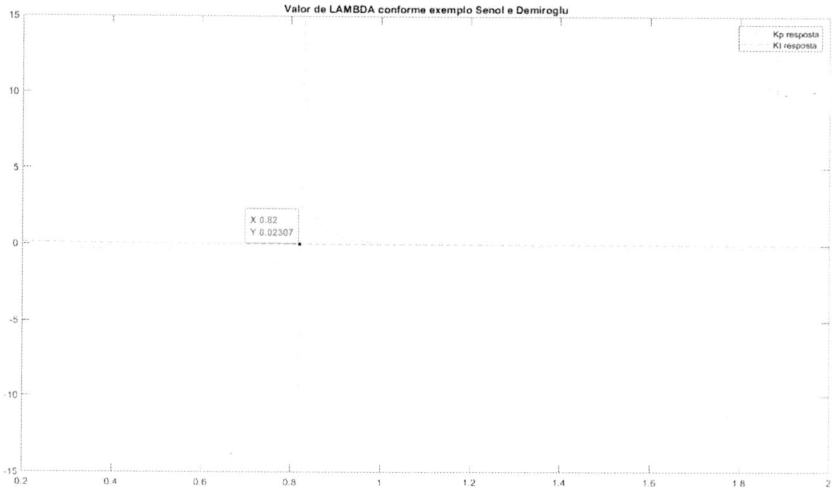

Fonte: o autor

Foram realizados ensaios para válvula com gaxetas de teflon com posicionador eletropneumático, válvula com gaxetas de grafite com posicionador eletropneumático, válvula com gaxetas de teflon com posicionador FF, válvula com gaxetas de grafite com posicionador FF, válvula com gaxetas de teflon com conversor I/P e válvula com gaxetas de grafite com conversor I/P, conforme sintonias projetadas na Tabela 68. Nas Tabelas 69 e 70, e nas Figuras 117 e 118, são apresentados os resultados da sintonia para válvula com gaxetas de grafite com posicionador eletropneumático nos modos servo e regulatório.

Tabela 69 – Desempenho da válvula com gaxetas de grafite com posicionador eletropneumático no modo servo – Senol e Demiroglu

CONTROLADOR	ISE	IAE	ITAE	ITSE	IAU	Variabilidade%
\multicolumn{7}{c}{Ensaio gaxetas de grafite – Posicionador Eletropneumático Modo Servo – Método Analítico – Şenol e Demiroglu}
FOPI	5,3320	21,6238	5280,3	1336,0	2104,7	4,26
PI	5,4943	20,1367	5341,1	1402,5	2123,0	4,42

Fonte: o autor

Tabela 70 – Desempenho da válvula com gaxetas de grafite com posicionador eletropneumático no modo regulatório – Senol e Demiroglu

CONTROLADOR	ISE	IAE	ITAE	ITSE	IAU	Variabilidade%
FOPI	2,2705	14,5850	3004,2	527,55	1534,5	3,08
PI	1,9930	10,6137	2607,6	439,35	1550,3	3,02

Ensaio gaxetas de grafite – Posicionador Eletropneumático Modo Regulatório
Método Analítico – Senol e Demiroglu

Fonte: o autor

Figura 117 – Desempenho da válvula com gaxetas de grafite com posicionador eletropneumático no modo servo – Senol e Demiroglu

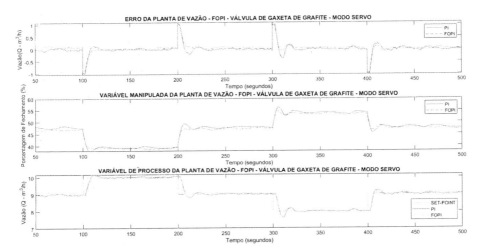

Fonte: o autor

Figura 118 – Desempenho da válvula com gaxetas de grafite com posicionador eletropneumático no modo regulatório – Şenol e Demiroglu

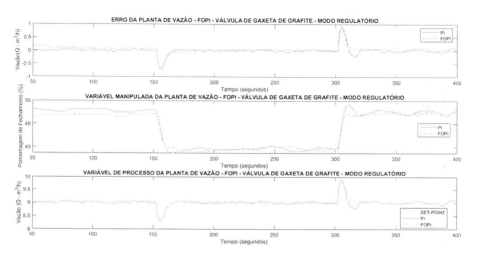

Fonte: o autor

No modo servo o controlador FOPI apresentou melhor desempenho que o IOPI, gerando índices de erros menores. Porém, no modo regulatório, o IOPI apresentou o melhor desempenho. O comportamento superamortecido prevalece para ambos os ensaios, como pode ser visualizado na PV, esforço de controle suavizado e robustez a mudança de set-point e perturbação. Nas Tabelas 71 e 72, e nas Figuras 119 e 120, são apresentados os resultados da sintonia para válvula com gaxetas de teflon com posicionador eletropneumático, nos modos servo e regulatório.

Tabela 71 – Desempenho da válvula com gaxetas de teflon com posicionador eletropneumático no modo servo – Şenol e Demiroglu

CONTRO-LADOR	ISE	IAE	ITAE	ITSE	IAU	Variabilidade%
FOPI	4,3067	21,5807	5404,2	1083,0	2003,1	3,81
PI	4,1201	19,2039	5551,7	1074,1	2020,8	3,83

Fonte: o autor

Tabela 72 – Desempenho da válvula com gaxetas de teflon com posicionador eletropneumático no modo regulatório – Senol e Demiroglu

Ensaio gaxetas de teflon – Posicionador Eletropneumático Modo Regulatório – Método Analítico – Şenol e Demiroglu

CONTRO-LADOR	ISE	IAE	ITAE	ITSE	IAU	Variabilidade%
FOPI	1,6690	13,5345	2770,2	388,62	1465,7	2,63
PI	1,4761	9,9169	2363,0	375,80	1476,1	2,60

Fonte: o autor

Figura 119 – Desempenho da válvula com gaxetas de teflon com posicionador eletropneumático no modo servo – Senol e Demiroglu

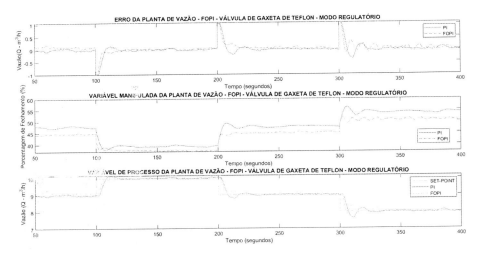

Fonte: o autor

Figura 120 – Desempenho da válvula com gaxetas de teflon com posicionador eletropneumático no modo regulatório – Şenol e Demiroglu

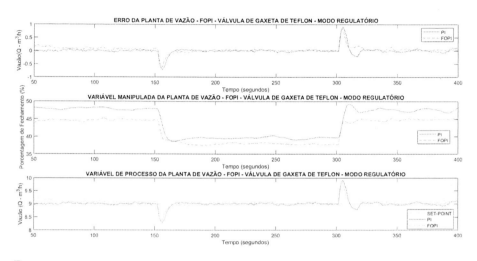

Fonte: o autor

No modo servo o controlador FOPI e o IOPI apresentaram o mesmo desempenho, com a mesma quantidade de índices de erros de valores menores. Para o modo regulatório, o IOPI apresentou o melhor desempenho. O comportamento superamortecido se manteve para ambos os ensaios, conforme os gráficos apresentados da PV, nos modos servo e regulatório. O esforço de controle é suavizado e há poucas oscilações a mudança de set-point e a perturbação. Nas Tabelas 73 e 74, e nas Figuras 121 e 122, são apresentados os resultados da sintonia para a válvula com gaxetas de grafite com posicionador Foundation Fieldbus (FF), nos modos servo e regulatório.

Tabela 73 – Desempenho da válvula com gaxetas de grafite com posicionador FF no modo servo – Şenol e Demiroglu

Ensaio gaxetas de grafite – Posicionador FF Modo Servo – Método Analítico – Şenol e Demiroglu							
CONTRO-LADOR	ISE	IAE	ITAE	ITSE	IAU	Variabilidade%
FOPI	6,2297	21,8964	5536,1	1549,9	2274,7	4,70
PI	6,4725	21,5476	5652,2	1597,3	2283,6	4,80

Fonte: o autor

Tabela 74 – Desempenho da válvula com gaxetas de grafite com posicionador FF no modo regulatório – Şenol e Demiroglu

Ensaio gaxetas de grafite – Posicionador FF Modo Regulatório – Método Analítico – Şenol e Demiroglu						
CONTROLADOR	ISE	IAE	ITAE	ITSE	IAU	Variabilidade%
FOPI	2,4200	12,7610	2865,2	584,20	1652,1	3,31
PI	2,6161	11,1847	2553,7	633,07	1667,1	3,46

Fonte: o autor

Figura 121 – Desempenho da válvula com gaxetas de grafite com posicionador FF no modo servo – Şenol e Demiroglu

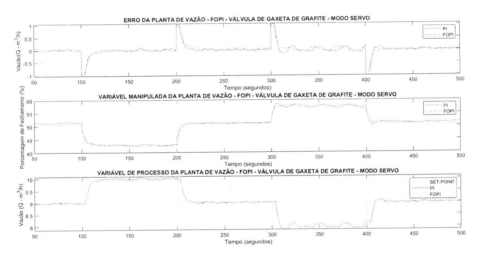

Fonte: o autor

Figura 122 – Desempenho da válvula com gaxetas de grafite com posicionador FF no modo regulatório – Senol e Demiroglu

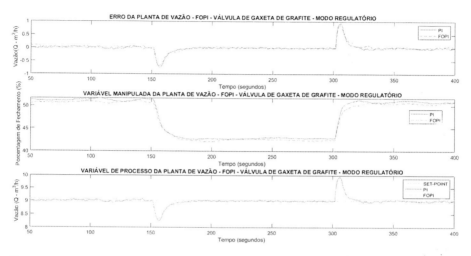

Fonte: o autor

Nos modos servo e regulatório o controlador FOPI apresentou os menores índices de erros, porém o comportamento superamortecido se manteve para ambos os ensaios e controladores, coi forme os gráficos mostrados da PV, nos modos servo e regulatório. O esforço de controle é suavizado e há robustez na mudança de set-point e perturbação. Nas Tabelas 75 e 76, e na Figuras 123 e 124 são exibidos os resultados da sintonia para válvula com gaxetas de teflon com posicionador FF, nos modos servo e regulatório.

Tabela 75 – Desempenho da válvula com gaxetas de teflon com posicionador FF no modo servo – Senol e Demiroglu

CONTRO-LADOR	ISE	IAE	ITAE	ITSE	IAU	Variabilidade%
\multicolumn{7}{c}{Ensaio gaxetas de teflon – Posicionador FF Modo Servo – Método Analítico – Şenol e Demiroglu}
FOPI	8,1776	37,7931	8623,0	1874,7	2290,7	4,79
PI	5,3884	18,1455	4860,9	1353,1	2315,5	4,38

Fonte: o autor

Tabela 76 – Desempenho da válvula com gaxetas de teflon com posicionador FF no modo regulatório – Şenol e Demiroglu

Ensaio gaxetas de teflon – Posicionador FF Modo Regulatório – Método Analítico – Şenol e Demiroglu						
CONTROLADOR	ISE	IAE	ITAE	ITSE	IAU	Variabilidade%
FOPI	4,5756	28,4988	5529,6	878,3	1663,7	3,75
PI	1,7219	9,3511	2106,8	422,3	1697,5	2,81

Fonte: o autor

Figura 123 – Desempenho da válvula com gaxetas de teflon com posicionador FF no modo servo – Şenol e Demiroglu

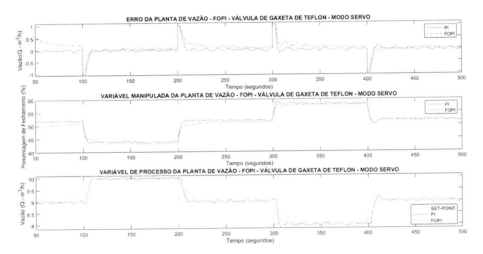

Fonte: o autor

Figura 124 – Desempenho da válvula com gaxetas de teflon com posicionador FF no modo regulatório – Senol e Demiroglu

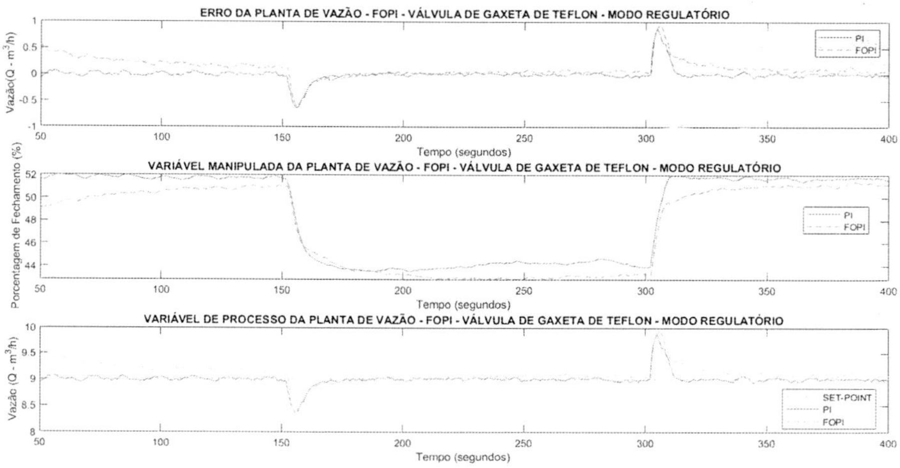

Fonte: o autor

No modo servo e no modo regulatório o controlador IOPI gerou os menores índices de erros, porém o comportamento superamortecido se manteve para ambos os ensaios e controladores, como se observa no comportamento da PV. O esforço de controle é suavizado e há robustez na mudança de set-point e perturbação. Nas Tabelas 77 e 78, e nas Figuras 125 e 126, são apresentados os resultados da sintonia para válvula com gaxetas de grafite com conversor I/P.

Tabela 77 – Desempenho da válvula com gaxetas de grafite com conversor I/P no modo servo – Senol e Demiroglu

| Ensaio gaxeta de grafite – Conversor I/P Modo Servo – Método Analítico – Şenol e Demiroglu ||||||||
CONTRO-LADOR	ISE	IAE	ITAE	ITSE	IAU	Variabi-lidade%
FOPI	12,5016	43,1233	12623,0	3519,6	2168,2	6,60
PI	26,8290	92,0386	26587,0	7863,5	2252,7	9,75

Fonte: o autor

Tabela 78 – Desempenho da válvula com gaxetas de grafite com conversor I/P no modo regulatório – Senol e Demiroglu

CONTROLADOR	ISE	IAE	ITAE	ITSE	IAU	Variabilidade%
FOPI	5,2280	30,7132	6616,9	1095,8	1579,9	4,82
PI	11,2970	48,7486	10418,0	2360,7	1668,5	7,16

Ensaio gaxeta de grafite – Conversor I/P Modo regulatório – Método Analítico – Şenol e Demiroglu

Fonte: o autor

Figura 125 – Desempenho da válvula com gaxetas de grafite com conversor I/P no modo servo – Senol e Demiroglu

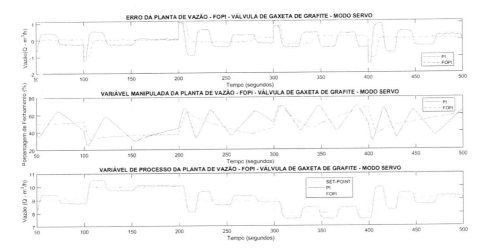

Fonte: o autor

Figura 126 – Desempenho da válvula com gaxetas de grafite com conversor I/P no modo regulatório – Şenol e Demiroglu

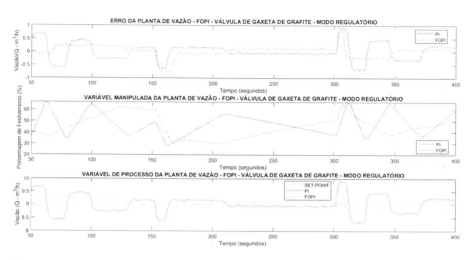

Fonte: o autor

O controlador FOPI realizou o melhor controle em ambos os ensaios, servo e regulatório, e obteve os menores índices de erros de desempenho da malha. O esforço de controle do FOPI foi mais suave que do IOPI, além da robustez em função da mudança de set-point e perturbação. Observou-se nas Figuras 125 e 126 que a PV teve poucas oscilações para o FOPI em relação ao IOPI, em ambos os ensaios, servo e regulatório. Para o controlador FOPI, as caraterísticas de um sistema superamortecido são visualizadas nas figuras, porém, para o IOPI, tem-se um sistema oscilatório, sem robustez na mudança de set-point e perturbação. Nas Tabelas 79 e 80, e nas Figuras 127 e 128, são mostrados os resultados da sintonia para a válvula com gaxetas de teflon com conversor I/P.

Tabela 79 – Desempenho da válvula com gaxetas de teflon com conversor I/P no modo servo – Şenol e Demiroglu

Ensaio gaxetas de teflon – Conversor I/P Modo Servo – Método Analítico – Şenol e Demiroglu						
CONTRO-LADOR	ISE	IAE	ITAE	ITSE	IAU	Variabi-lidade %
FOPI	8,3190	38,1403	8958,1	1917,3	1930,7	5,38
PI	6,4259	23,6399	4913,3	1315,4	1948,1	4,78

Fonte: o autor

Tabela 80 – Desempenho da válvula com gaxetas de teflon com conversor I/P no modo regulatório – Senol e Demiroglu

Ensaio gaxetas de teflon – Conversor I/P Modo regulatório – Método Analítico – Şenol e Demiroglu

CONTRO-LADOR	ISE	IAE	ITAE	ITSE	IAU	Variabilidade%
FOPI	5,1991	26,5975	5411,9	1109,0	1433,9	4,70
PI	3,7796	18,4706	4150,9	915,08	1432,3	4,15

Fonte: o autor

Figura 127 – Desempenho da válvula com gaxetas de grafite com conversor I/P no modo servo – Senol e Demiroglu

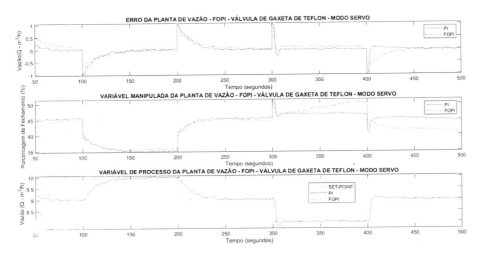

Fonte: o autor

Figura 128 – Desempenho da válvula com gaxetas de teflon com conversor I/P no modo regulatório – Senol e Demiroglu

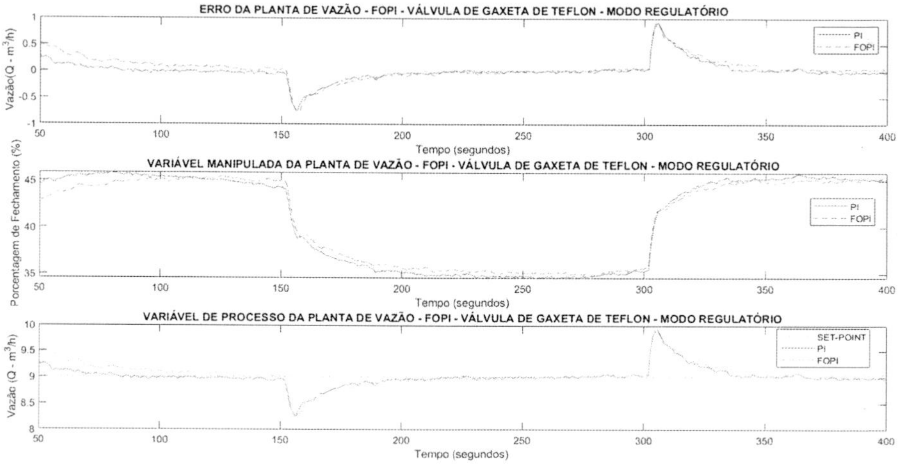

Fonte: o autor

Conforme as Tabelas 79 e 80, o controlador IOPI realizou o melhor controle para os ensaios nos modos servo e regulatório e gerou os men ˜res índices de erros de desempenho da malha. O esforço de controle foi s. ave para ambos os controladores, IOPI e FOPI, pois ambos se assemelham no comportamento e sem oscilações. A robustez também é notada para ambos os controladores na mudança de set-point e perturbação. A PV apresentou poucas oscilações para o FOPI e IOPI, para ambos os ensaios, servo e regulatório. As características de um sistema superamortecido e sem sobressinal foram notadas, tanto para IOPI e FOPI. É notório c ~ o FOPI tem uma dinâmica mais lenta para os modos servo e regulatório, explicando os erros maiores nos ensaios realizados. Na Tabela 81 se tem um comparativo de desempenho entre os controladores FOPI x IOPI nos ensaios realizados em modos servo e regulatório com o método analítico de sintonia de Senol e Demiroglu.

Tabela 81 – Comparativo de desempenho entre os controladores FOPI x IOPI – Senol e Demiroglu

Comparativo de desempenho entre os controladores FOPI x IOPI – Senol e Demiroglu		
TIPO DE VÁLVULA	MODO SERVO	MODO REGULATÓRIO
GIP	FOPI	FOPI
TIP	IOPI	IOPI
GEP	FOPI	IOPI
TEP	FOPI/IOPI	IOPI
GFF	FOPI	FOPI
TFF	IOPI	IOPI

Fonte: o autor

Conforme a Tabela 81, nota-se que o melhor desempenho, de modo geral, é gerado pelo controlador IOPI nos ensaios realizados. Um fator importante para esse método de sintonia é o fato de que, mesmo sendo um método analítico em que a busca de sintonia em ambiente de simulação não retrata o que realmente se apresenta em um âmbito real, como um ambiente industrial, o desempenho de ambos os controladores foi semelhante ao método de auto-tune do FOMCON, ou seja, poucas oscilações no esforço de controle e poucas variações na PV, além da robustez e estabilidade, o que é preconizado pelo método de Senol e Demiroglu. portanto, um ótimo desempenho. Na próxima seção é abordado um comparativo entre os três métodos (regras de ajuste – Bhaskaran, auto-tune/algoritmos de otimização – FOMCON e analítico – Senol e Demiroglu) desenvolvidos para o controlador FOPI.

5.4 COMPARATIVO DOS MÉTODOS DE SINTONIA PARA O CONTROLADOR FOPI (REGRAS DE AJUSTE – BHASKARAN, AUTO-TUNE/ALGORITMO DE OTIMIZAÇÃO – FOMCON E ANALÍTICO SENOL E DEMIROGLU)

A metodologia aplicada para comparar o desempenho de todos os métodos foi a divisão por tipo de válvula, modo de ensaio e método de sintonia. Desta forma, foi possível ordenar e organizar todos os resultados para análise. Assim, foram montadas as Tabelas de 82 a 87 e Figuras de 129 a 140. A divisão e organização para os tipos de válvulas foram:

- válvula com gaxetas de grafite com posicionador eletropneumático (EP) nos modos servo e regulatório;
- válvula com gaxetas de teflon com posicionador EP nos modos servo e regulatório;
- válvula com gaxetas de grafite com posicionador FF nos modos servo e regulatório;
- válvula com gaxetas de teflon com posicionador FF nos modos servo e regulatório;
- válvula com gaxetas de grafite com conversor I/P nos modos servo e regulatório;
- válvula com gaxetas de teflon com conversor I/P nos modos servo e regulatório.

Outro fator importante para a análise é a seleção dos melhores resultados de desempenho, ou seja, os menores erros, entre os controladores FOPI X IOPI, nos modos servo e regulatório e os três métodos de sintonia (regras de ajuste, auto-tune/algoritmo de otimização e analítico), e foram destacados para visualizar a melhor compreensão dos dados. Com as tabelas e figuras é possível observar e entender o desempenho da planta com os controladores e seus métodos de sintonia, de maneira ampla e com visão macro, pois devido a muitos testes realizados, se os dados não forem compactados, não é possível avaliar claramente o desempenho dos controladores em função dos métodos de sintonia e observar quais métodos de sintonia e controlador apresentaram os melhores desempenhos. As Tabelas 82 a 87 e Figuras 129 a 140 apresentam os melhores resultados de desempenho para a comparação, conforme as configurações supracitadas da malha de controle da planta-piloto de vazão. A análise principal é feita entre os melhores desempenhos de cada método, portanto, a comparação dos métodos de sintonia com FOPI ou IOPI com índices de menores erros e não os menores erros de cada método.

Tabela 82 – Desempenho da válvula com gaxetas de grafite com posicionador EP com os métodos de regras de ajuste, auto-tune/otimização e analítico – modos servo e regulatório

\multicolumn{9}{c}{VÁLVULA DE GAXETA DE GRAFITE COM POSICIONADOR ELETROPNEUMÁTICO}
MÉTODO	MODO	K_p	K_i	λ	ISE	IAE	ITAE	ITSE	IAU	Variab. %
REGRAS DE AJUSTE - BHASKARAN	SERVO	0,992	0,567	0,9	4,67	22,13	6156	1265	2285	4,05
				1	4,72	23,85	6757	1245	2294	4,10
AUTO-TUNE – NELDER MEAD – ITSE FOMCON		0,32	0,23	0,97	5,68	19,10	4838	1422	2116	4,49
				1	5,39	17,91	4588	1346	2119	4,38
MÉTODO ANALÍTICO – SENOL E DEMIROGLU		0,218	0,344	0,876	5,33	21,62	5280	1336	2104	4,26
				1	5,49	20,13	5341	1402	2123	4,42
REGRAS DE AJUSTE - BHASKARAN	REGULATÓRIO	0,992	0,567	0,9	1,04	10,26	2226	251	1760	2,07
				1	0,98	9,41	2001	228	1760	2,08
AUTO-TUNE – NELDER MEAD – ITSE FOMCON		0,32	0,23	0,97	2,11	10,99	2490	510	1542	3,1
				1	2,24	10,84	2488	535	1554	3,2
MÉTODO ANALÍTICO – SENOL E DEMIROGLU		0,218	0,344	0,876	2,27	14,58	3004	527	1534	3,08
				1	1,99	10,61	2607	439	1550	3,02

Fonte: o autor

Tabela 83 – Desempenho da válvula com gaxetas de teflon com posicionador EP com os métodos de regras de ajuste, auto-tune/otimização e analítico – modos servo e regulatório

VÁLVULA DE GAXETA DE TEFLON COM POSICIONADOR ELETROPNEUMÁTICO										
MÉTODO	MODO	K_p	K_i	λ	ISE	IAE	ITAE	ITSE	IAU	Variab. %
REGRAS DE AJUSTE - BHASKARAN	SERVO	0,992	0,567	1,1	6,47	30,72	8427	1722	2485	4,80
				1	11,17	45,77	13295	3268	2486	6,31
AUTO-TUNE – NELDER MEAD – ITSE FOMCON		0,32	0,23	0,97	5,13	17,30	4344	1262	2013	4,27
				1	5,27	18,06	4869	1329	2011	4,33
MÉTODO ANALÍTICO – SENOL E DEMIROGLU		0,613	0,336	0,877	4,30	21,58	5404	1083	2003	3,81
				1	4,12	19,20	5551	1074	2020	3,83
REGRAS DE AJUSTE - BHASKARAN	REGULATÓRIO	0,992	0,567	0,9	1,06	12,22	2757	254	1969	2,17
				1	1,08	11,78	2618	257	1963	2,14
AUTO-TUNE – NELDER MEAD – ITSE FOMCON		0,32	0,23	0,97	2,10	10,64	2377	520	1471	3,1
				1	2,08	10,04	2266	506	1471	3,08
MÉTODO ANALÍTICO – SENOL E DEMIROGLU		0,613	0,336	0,877	1,66	13,53	2770	388	1465	2,63
				1	1,47	9,91	2363	375	1476	2,60

Fonte: o autor

Figura 129 – Desempenho da válvula com gaxetas de grafite com posicionador EP com os métodos de regras de ajuste, auto-tune/otimização e analítico – modo servo

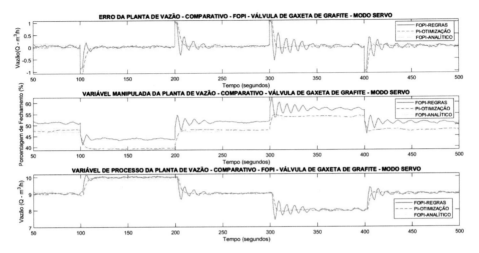

Fonte: o autor

Figura 130 – Desempenho da válvula com gaxetas de grafite com posicionador EP com os métodos de regras de ajuste, auto-tune/otimização e analítico – modo regulatório

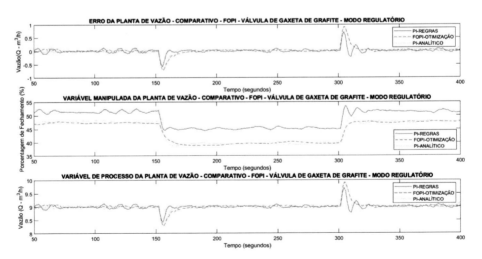

Fonte: o autor

Figura 131 – Desempenho da válvula com gaxetas de teflon com posicionador EP com os métodos de regras de ajuste, auto-tune/otimização e analítico – modo servo

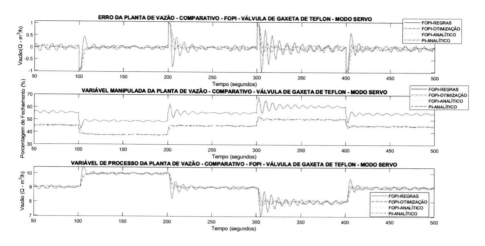

Fonte: o autor

Figura 132 – Desempenho da válvula com gaxetas de teflon com posicionador EP com os métodos de regras de ajuste, auto-tune/otimização e analítico – modo regulatório

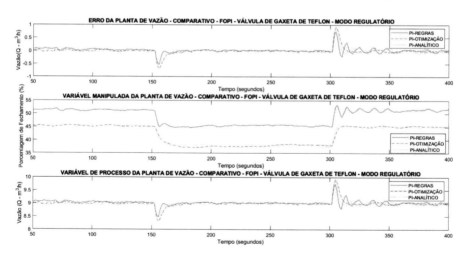

Fonte: o autor

Na Tabela 82, os métodos de regras de ajuste – Bhaskaran e auto-tune/otimização – FOMCON, com controlador IOPI e FOPI, respectivamente, geraram os melhores desempenhos com os menores índices de erros para a válvula com gaxetas de grafite com posicionador eletropneumático no modo servo. Na Figura 129 se vê superamortecimento, robustez e estabilidade nas características dinâmicas da malha: a PV e MV sem oscilações, para o IOPI FOMCON. No modo regulatório, o método de regras de ajuste de Bhaskaran, controlador PI, gerou o melhor desempenho, com índices menores de erros, conforme Tabela 82. Na Figura130, o comportamento robusto e estável é visto na resposta da PV e MV para este controlador. Para a válvula com gaxetas de teflon com posicionador eletropneumático, modo servo, se vê na Tabela 83 o melhor desempenho com menores índices de erros para o controlador FOPI, auto-tune/otimização – FOMCON. Na Figura 131, o controlador FOPI exibe robustez e estabilidade a mudanças de set-point e dinâmica de resposta superamortecida. No modo regulatório, a válvula de teflon com posicionador eletropneumático, método analítico – Senol e Demiroglu, controlador IOPI, apresenta características de superamortecimento de dinâmica da resposta, robustez e estabilidade (Figura 132). As próximas análises são para a válvula com gaxetas de grafite e teflon com posicionador FF.

Tabela 84 – Desempenho da válvula com gaxetas de grafite com posicionador FF com os métodos de regras de ajuste, auto-tune/otimização e analítico – modos servo e regulatório

	VÁLVULA DE GAXETA DE GRAFITE COM POSICIONADOR FOUNDATION FIELDBUS										
MÉTODO	MODO	K_p	K_i	λ	ISE	IAE	ITAE	ITSE	IAU	Variab. %
REGRAS DE AJUSTE - BHASKARAN	SERVO	1,202	0,364	1,2	18,05	58,96	17698	5516	2273	8,02
				1,0	63,75	109	36719	22977	2253	15,05
AUTO-TUNE – NELDER MEAD – ITSE FOMCON		0,32	0,23	0,97	6,40	21,30	5702	1633	2279	4,77
				1,0	6,45	22,68	6145	1662	2295	4,79
MÉTODO ANALÍTICO – SENOL E DEMIROGLU		0,405	0,208	0,967	6,22	21,89	5536	1549	2274	4,70
				1,0	6,47	21,54	5652	1597	2283	4,80
REGRAS DE AJUSTE - BHASKARAN	REGULATÓRIO	1,202	0,364	1,1	3,67	22,23	5261	909	1665	4,098
				1,0	5,05	29,48	7344	1387	1655	4,807
AUTO-TUNE – NELDER MEAD – ITSE FOMCON		0,32	0,23	0,97	2,51	11,37	2663	630	1657	3,38
				1,0	2,38	11,12	2557	592	1660	3,3
MÉTODO ANALÍTICO – SENOL E DEMIROGLU		0,405	0,208	0,967	2,42	12,76	2865	584	1652	3,31
				1,0	2,61	11,18	2553	633	1667	3,46

Fonte: o autor

Tabela 85 – Desempenho da válvula com gaxetas de teflon com posicionador FF com os métodos de regras de ajuste, auto-tune/otimização e analítico – modos servo e regulatório

VÁLVULA DE GAXETA DE TEFLON COM POSICIONADOR FOUNDATION FIELDBUS

MÉTODO	MODO	K_p	K_i	λ	ISE	IAE	ITAE	ITSE	IAU	Variab. %
REGRAS DE AJUSTE - BHASKARAN	SERVO	1,126	0,340	1,2	10,51	36,31	10639	3051	2312	6,11
				1,0	36,03	76,92	25557	12691	2306	11,32
AUTO-TUNE – NELDER MEAD – ITSE FOMCON		0,32	0,23	0,97	5,46	23,18	4461	1347	2318	4,4
				1,0	5,65	23,17	4590	1421	2317	4,48
MÉTODO ANALÍTICO – SENOL E DEMIROGLU		0,327	0,276	0,821	8,17	37,79	8623	1874	2290	4,79
				1,0	5,38	18,14	4860	1353	2315	4,38
REGRAS DE AJUSTE - BHASKARAN	REGULATÓRIO	1,126	0,340	1,2	1,94	13,81	3181	478	1694	2,96
				1,0	2,40	16,63	4188	634	1685	3,31
AUTO-TUNE – NELDER MEAD – ITSE FOMCON		0,32	0,23	0,97	2,19	11,46	2607	531	1692	3,16
				1,0	2,30	10,20	2329	555	1970	3,25
MÉTODO ANALÍTICO – SENOL E DEMIROGLU		0,327	0,276	0,821	4,57	28,49	5529	878	1663	3,75
				1,0	1,72	9,35	2106	422	1697	2,81

Fonte: o autor

Figura 133 – Desempenho da válvula com gaxetas de grafite com posicionador FF com os métodos de regras de ajuste, auto-tune/otimização e analítico – modo servo

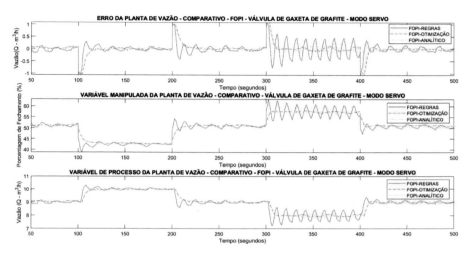

Fonte: o autor

Figura 134 – Desempenho da válvula com gaxetas de grafite com posicionador FF com os métodos de regras de ajuste, auto-tune/otimização e analítico – modo regulatório

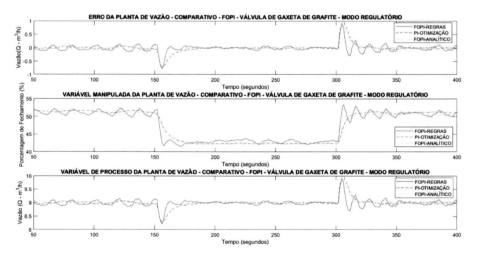

Fonte: o autor

Figura 135 – Desempenho da válvula com gaxetas de teflon com posicionador FF com os métodos de regras de ajuste, auto-tune/otimização e analítico – modo servo

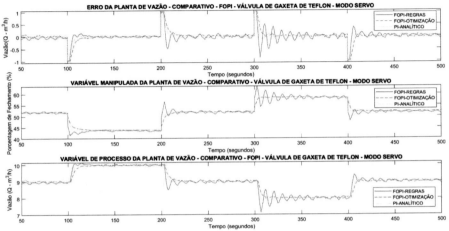

Fonte: o autor

Figura 136 – Desempenho da válvula com gaxetas de teflon com posicionador FF com os métodos de regras de ajuste, auto-tune/otimização e analítico – modo regulatório

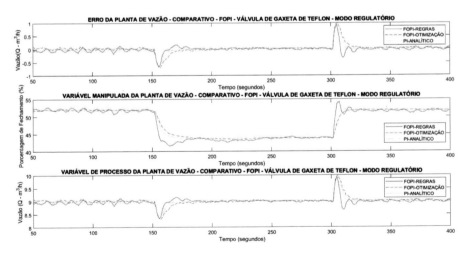

Fonte: o autor

A válvula com gaxetas de grafite com posicionador FF, modo servo, apresentou o melhor desempenho com o método de sintonia analítico Senol e Demiroglu, FOPI, conforme a Tabela 84. Na Figura 133 se observa robustez e estabilidade na mudança de set-point e resposta superamortecida da malha. No modo regulatório, para este tipo de válvula e posicionador, o melhor desempenho é atribuído ao método de sintonia auto-tune/otimização – FOMCON com controlador IOPI. Na Figura 134, observa-se robustez e estabilidade na ação do controlador em relação à perturbação na malha de controle. Na Tabela 85, nos modos servo e regulatório para a válvula com gaxetas de teflon com posicionador FF, o melhor desempenho é atribuído ao controlador de método analítico – Senol e Demiroglu, IOPI. Na Figura 135, o controlador apresentou robustez e estabilidade na ação do controlador em relação à mudança de set-point, além das características de superamortecimento na malha de controle. Na Figura 136, o controlador apresentou robustez e estabilidade na ação do controlador em relação à perturbação na malha de controle, além das características de superamortecimento na malha. As próximas análises são para a válvula com gaxetas de grafite e teflon com conversor I/P.

Tabela 86 – Desempenho da válvula com gaxetas de grafite com conversor I/P com os métodos de regras de ajuste, auto-tune/ otimização e analítico – modos servo e regulatório

VÁLVULA COM GAXETAS DE GRAFITE COM CONVERSOR I/P									
MÉTODO	MODO	K_p	K_i	λ	ISE	IAE	ITAE	ITSE	IAU	Variab. %
REGRAS DE AJUSTE - BHASKARAN	SERVO	2,369	0,938	0,8	6,47	32,23	8631	1698	2200	4,77
				1	15,27	68,33	19972	4452	2239	7,37
AUTO-TUNE – NELDER MEAD – ITSE FOMCON		0,31	0,5	0,9	14,54	45,00	12589	3703	2200	7,19
				1	12,17	62,34	17373	3328	2288	6,59
MÉTODO ANALÍTICO – SENOL E DEMIROGLU		0,534	0,687	0,85	12,50	43,12	12623	3519	2168	6,60
				1	26,82	92,03	26587	7863	2252	9,75
REGRAS DE AJUSTE - BHASKARAN	REGULATÓRIO	2,369	0,938	0,8	2,95	18,83	4189	720	1460	3,50
				1	9,11	42,23	9225	2085	1715	6,45
AUTO-TUNE – NELDER MEAD – ITSE FOMCON		0,31	0,5	0,9	4,30	22,84	6121	1130	1546	4,44
				1	6,17	36,16	7973	1356	1683	5,32
MÉTODO ANALÍTICO – SENOL E DEMIROGLU		0,534	0,687	0,85	5,22	30,71	6616	1095	1579	4,82
				1	11,29	48,74	10418	2360	1668	7,16

Fonte: o autor

Tabela 87 – Desempenho da válvula com gaxetas de teflon com conversor I/P com os métodos de regras de ajuste, auto-tune e analítico – modos servo e regulatório

VÁLVULA COM GAXETAS DE TEFLON COM CONVERSOR I/P									
MÉTODO	MODO	K_p	K_i	λ	ISE	IAE	ITAE	ITSE	IAU	Variab. %
REGRAS DE AJUSTE - BHASKARAN	SERVO	0,877	0,389	0,9	4,03	22,14	6077	1042	1935	3,76
				1	4,10	22,41	6516	1063	1942	3,82
AUTO-TUNE – NELDER MEAD – ITSE FOMCON		0,7	0,27	0,95	5,49	21,44	5433	1323	1922	4,41
				1	3,75	17,94	4909	920	1944	3,65
MÉTODO ANALÍTICO – SENOL E DEMIROGLU		0,891	0,135	0,946	8,31	38,14	8958	1917	1930	5,38
				1	6,42	23,63	4913	1315	1948	4,78
REGRAS DE AJUSTE - BHASKARAN	REGULATÓRIO	0,877	0,389	0,9	1,12	11,34	2650	274	1446	2,19
				1	1,53	12,13	2817	348	1440	2,64
AUTO-TUNE – NELDER MEAD – ITSE FOMCON		0,7	0,27	0,95	1,68	10,00	2433	432	1416	2,75
				1	1,85	10,65	2656	504	1390	2,91
MÉTODO ANALÍTICO – SENOL E DEMIROGLU		0,891	0,135	0,946	5,19	26,59	5411	1109	1433	4,70
				1	3,77	18,47	4150	915	1432	4,15

Fonte: o autor

Figura 137 – Desempenho da válvula com gaxetas de grafite com conversor I/P com os métodos de regras de ajuste, auto-tune/ otimização e analítico – modo servo

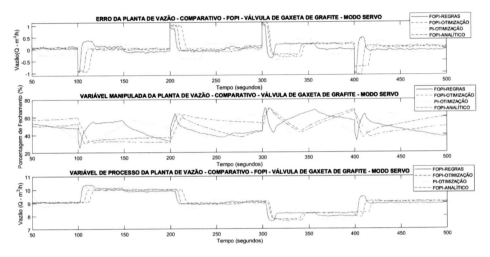

Fonte: o autor

Figura 138 – Desempenho da válvula com gaxetas de grafite com conversor I/P com os métodos de regras de ajuste, auto-tune/otimização e analítico – modo regulatório

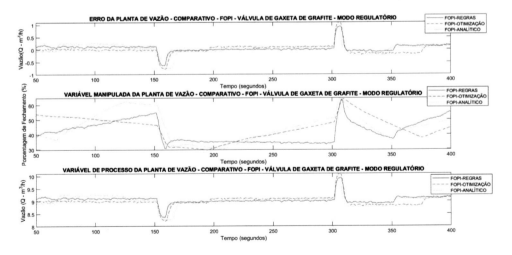

Fonte: o autor

Figura 139 – Desempenho da válvula com gaxetas de teflon com conversor I/P com os métodos de regras de ajuste, auto-tune/otimização e analítico – modo servo

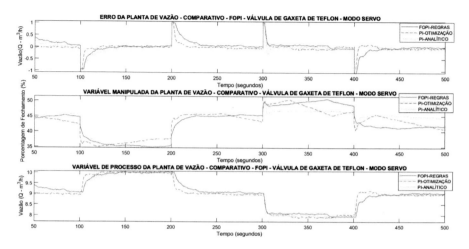

Fonte: o autor

Figura 140 – Desempenho da válvula com gaxetas de teflon com conversor I/P com os métodos de regras de ajuste, auto-tune/otimização e analítico – modo regulatório

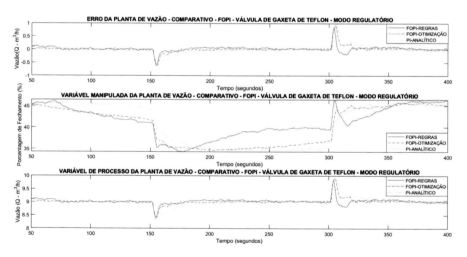

Fonte: o autor

Analisando a Tabela 86, o melhor desempenho foi gerado pelo método de regras de ajuste, nos modos servo e regulatório, com os menores erros e variabilidade do processo, e o melhor controlador é o FOPI. Analisando a variável de processo na Figura 137, modo servo, ela ficou mais estável e menos oscilatória e o esforço de controle foi mais suavizado. Na Figura 138, no modo regulatório, a PV é estável e a MV mais suavizada em relação às outras sintonias. O método de sintonia de regras de ajuste – Bhaskaran foi mais eficiente em relação aos outros métodos para a válvula com gaxetas de grafite com conversor I/P, e um fato relevante são os ganhos de K_p e K_i, que são mais elevados em relação aos outros métodos. Para a válvula com gaxetas de teflon com conversor I/P no modo servo, segundo a Tabela 87, o melhor desempenho foi do auto-tune/otimização – FOMCON, controlador PI, e conforme Figura 139, a PV foi pouco oscilatória, sem sobressinal e robustez, com características de superamortecimento e a MV sem oscilações. Para esta válvula no modo regulatório, as variáveis PV e MV exibiram poucas oscilações e robustez e o melhor desempenho é gerado pelo método de regras de ajuste – Bhaskaran, controlador FOPI, conforme Tabela 87 e Figura 140. De modo geral, o controlador FOPI foi melhor e o melhor método foi o de regras de ajuste – Bhaskaran para o conversor I/P, ou seja, o controlador FOPI mostrou um bom desempenho para a válvula com gaxetas de grafite. As próximas análises são da válvula com gaxetas de grafite e teflon com posicionador eletropneumático nos modos servo e regulatório. A Tabela 88 apresenta os resultados da análise de comparação entre os métodos de sintonia, conforme análise da presente seção.

Tabela 88 – Comparação entre os métodos de sintonia regras de ajuste – Bhaskaran, auto-tune/otimização – FOMCON e analítico – Senol e Demiroglu

\multicolumn{9}{c}{Comparação entre os métodos de sintonia regras de ajuste – Bhaskaran, auto-tune/otimização – FOMCON e analítico – Senol e Demiroglu}
MÉTODO	**MODO**	**GIP**	**TIP**	**GEP**	**TEP**	**GFF**	**TFF**
REGRAS DE AJUSTE – BHASKARAN	SERVO	FOPI	X	FOPI	X	X	X
	REGULATÓRIO	FOPI	FOPI	IOPI	X	X	X
AUTO-TUNE – NELDER MEAD – ITSE FOMCON	SERVO	X	IOPI	IOPI	FOPI	X	X
	REGULATÓRIO	X	X	X	X	IOPI	X
MÉTODO ANALÍTICO – SENOL E DEMIROGLU	SERVO	X	X	X	X	FOPI	IOPI
	REGULATÓRIO	X	X	X	IOPI	X	IOPI

Fonte: o autor

Conforme a Tabela 88, o melhor desempenho entre os métodos de sintonia é atribuído ao controlador IOPI, diferente do resultado da seção 5.3, no qual o melhor desempenho do controlador foi o FOPI, porém a análise de desempenho foi usada como forma de comparação entre os controladores FOPI e IOPI para cada método, e não entre os menores índices de erros para cada método. O método de sintonia com melhor desempenho para o FOPI foi o método de regras de ajuste – Bhaskaran e para o IOPI foi o método de auto-tune/otimização – FOMCON e o método analítico Senol e Demiroglu.

6

CONCLUSÕES

A implementação de um controlador fracionário para uma planta industrial foi feita com êxito. Foi possível realizar uma comparação entre os controladores IOPID e FOPID e analisar desempenho, variabilidade, erros e desempenho na planta-piloto de vazão. A aplicação dos métodos de sintonia de regras de ajuste, métodos analíticos e métodos baseados em otimização (auto--tune FOMCOM) para dinâmicas/configurações diferentes de válvulas e m ..os de operação (servo e regulatório): válvulas de controle com alto e baixo atrito, grafite e teflon, respectivamente, usando posicionadores eletropneumático e digital e conversores I/P, geraram excelentes resultados nos testes realizados.

Foi observado que não é possível afirmar que, para todos os casos, o sobressinal, tempo de subida e tempo morto não interferem muito no desempenho da malha, ou seja, não alteram muito os índices de erros e, consequentemente, o desempenho da malha de controle de vazão. Observou-se que com a diminuição da parte fracionária λ, aumenta o tempo morto da planta. É muito importante ressaltar que os ganhos inteiros do controlador, K_p e K_i efetivamente alteram a dinâmica do processo e a parte fracionária, λ, pondera a ação de K_i.

Para o método de regras de ajuste – Bhaskaran, a ponderação da parte fracionária, alterou consideravelmente a dinâmica da planta, tal que, para algumas sintonias, o controlador não apresentou robustez e estabilidade, porém esse método foi o melhor para o controlador FOPI, se comparado com o desempenho entre os métodos de sintonia.

Foi observado que o controlador FOPI apresentou uma boa eficiência de controle para as válvulas com gaxetas de grafite e de teflon com conversores I/P, que são as piores configurações para realizar o controle: superamortecimento, robustez e estabilidade na resposta da malha de vazão. As variáveis MV e PV para esses tipos de válvulas e conversor apresentaram poucas oscilações e variável manipulada suavizada.

Foram duas comparações principais: o desempenho dos índices de erros (ISE, IAE, ITAE, ITSE, IAU e variabilidade), seção 5.1, 5.2 e 5.3, neste caso, para cada método e desempenho entre os métodos, seção 5.4. É importante ressaltar que, na comparação de desempenho entre os métodos, foram utilizados também os índices de erros (ISE, IAE, ITAE, ITSE, IAU e variabilidade), porém foram usados os melhores ou menores índices de erros de cada método (regras de ajustes, otimização e analítico) e comparados como forma de desempenho entre eles. Na primeira comparação, apenas o desempenho de índices de erros de cada método, o controlador FOPI foi o melhor, porém, na comparação de desempenho entre os métodos, o IOPI foi o melhor.

Em uma aplicação industrial, para uma sintonia de uma malha de controle, destacam-se os métodos de auto-tune/otimização – FOMCON e regras de ajustes – Bhaskaran, que são métodos mais fáceis para sintonizar um controlador fracionário, porém o método de regras de ajuste se enquadraria para as válvulas com conversor I/P pela praticidade e melhor desempenho nos testes, e para as válvulas com posicionador eletropneumático ou digital (FF), o método do auto-tune/otimização é o mais adequado, devido ao desempenho atingido nos testes. Apesar de o método analítico ser o mais complicado de se aplicar em um âmbito industrial, também apresentou ótimos resultados no desempenho da malha de vazão.

É importante ressaltar que l com valores próximos a 1 são significativos para a melhoria de desempenho da planta, conforme observado em ensaios empíricos realizados.

Portanto, é possível afirmar que o controlador fracionário FOPI pode apresentar um melhor desempenho que o IOPI, mediante uma boa sintonia para os parâmetros inteiros, K_p e K_i e ponderação no parâmetro fracionário λ.

Possíveis oportunidades de melhoria do trabalho:

- desenvolvimento de um controlador fracionário PID em uma plataforma de controle ou supervisão industrial, como um SDCD ou CLP, para uma aplicação mais efetiva no âmbito industrial;
- um controlador adaptativo para a sintonia dos parâmetros em tempo real do controlador em uma malha industrial;
- aplicar o controlador FOPI ou FOPID em processos industriais com tempo morto elevado;
- aplicar métodos de sintonia do controlador fracionário em modelos de segunda ordem ou maior na planta-piloto de vazão ou em outras plantas industriais que sejam modeladas ou identificadas com ordens superiores a 1.

REFERÊNCIAS

AGUIAR, R. A.; FRANCO, I. C.; LEONARDI, F.; LIMA, F. Fractional PID Controller Applied to a Chemical Plant with Level and pH Control. **Chemical Product and Process Modeling,** [S. l.], v. 13, n. 4, p. 1-12, 2018.

AGUIRRE, L. A. **Introdução à Identificação de Sistemas:** técnicas lineares e não lineares aplicadas a sistemas: teoria e aplicação. 4. ed. Belo Horizonte: Editora UFMG, 2015.

ALVES, M.; DRIEMEIER, L.; MOURA, R. T. **Análise de sinais usando Matlab.** Disponível em: https://edisciplinas.usp.br/pluginfile.php/4150462/mod_resource/content/1/Aula12.pdf. Acesso em: 19 dez. 2020.

ARTISAN, T. G. **National Instruments PCI-6229 Data Acquisition Module.** c2023. Disponível em: https://www.artisantg.com/TestMeasurement/94040-1/National-Instruments-PCI6229-Multifunction-Data-Acquisition-Module. Acesso em: 1 dez. 2020.

BAGIS, A.; SENBERBER, H. Fractional PID controller design for fractional order systems using ABC algorithm. **Electronics,** [S. l.], p. 1-7, 2017.

BHAMBHANI, V.; CHEN, Y. Experimental study of fractional order integral (FOPI) controller for water level control. *In:* IEEE CONFERENCE ON DECISION AND CONTROL, 47. **Proceedings...** [S. l.: s. n.], 2008. p. 1791-1796.

BHAMBHANI, V.; CHEN, Y.; XUE, D. Optimal Order Proportional Integral Controller for Varying Time-Delay Systems. *In:* IFAC WORLD CONGRESS, INTERNATIONAL FEDERATION OF AUTOMATIC CONTROL, 17. **Proceedings...** [S. l.: s. n.], 2008. p. 4910-4915.

BHASKARAN, T.; CHEN, Y.; XUE, D. Practical tuning of fractional order proportional and integral controller (I): tuning rule development. **International Design Technical Conferences and Computers and Information in Engineering Conference (IDETC/CIE),** Las Vegas, p. 1245-1258, 2007.

BHASKARAN, T.; BOHANNAN, G.; CHEN, Y. Practical tuning of fractional order proportional and integral controller (II): Experiments. **International Design Technical Conferences and Computers and Information in Engineering Conference (IDETC/CIE),** Las Vegas, p. 1371-11384, 2007.

BUTTERWORTH, S. On the Theory of Filter Amplifiers. **Wireless Engineering,** [S. l.], v. 7, p. 536-541, 1930.

CAMARGO, R. F.; OLIVEIRA, E. C. **Cálculo fracionário.** São Paulo: Editora da Física, 2015.

CAMPOS, F. A. A. **Análise do controlador PID de Ordem fracionária aplicado à simulação de sistemas reais.** 2019. Dissertação (Mestrado em Engenharia Elétrica) – Universidade Federal do Ceará, Fortaleza, 2019.

CASTRO, F. A. **Aplicação de controladores PID inteiro e fracionário com auto sintonia através de lógica Fuzzy.** 2017. Dissertação (Mestrado em Engenharia de Controle e Automação) – Instituto Federal do Espírito Santo, Vitória, 2017.

CERVIN, A.; LINCOLN, B.; EKER, J.; ÅRZÉN, K. E.; BUTTAZZO, G. The Jitter Margin and Its Applications in the Design of Real-Time Control Systems. **IEEE Conference on Real-Time and Embedded Computing Systems and Applications,** Gothenburg, p. 25-27, 2004.

CHEN, Y.; PETRAS, I.; XUE, D. Fractional order control – a tutorial. *In:* AMERICAN CONTROL CONFERENCE. **Proceedings...** St. Louis: IEEE, 2009. p. 1397-1411.

DAS, S.; PAN, I. **Intelligent Fractional Order Systems and Control**: an introduction. [S. l.]: Springer, 2013.

DE KEYSER, R.; MURESAN, C. I.; IONESCU, C. M. A novel auto-tuning method for fractional order PI/PD controllers. *In:* ELSEVIER ISA TRANSACTIONS. Proceedings... Amsterdam: Elsevier BV, 2016. p. 268-275.

DESVAGES, H. P. M.; RIOS, M. A. A. **Modelagem e estudo de métodos de compensação de atrito para uma válvula de controle com posicionador eletropneumático.** 2018. Trabalho de Conclusão de Curso (Graduação em Engenharia Elétrica – Ênfase Automação e Controle) – Universidade de São Paulo, São Paulo, 2018.

FERMINO, F. **Estudo comparativo de métodos de sintonia de controladores PII** 2014. Trabalho de Conclusão de Curso (Engenharia Elétrica com ênfase em Sistemas de Energia e Automação) – Universidade de São Paulo, São Carlos, 2014.

FRANCHI, C. M. **Controle de Processos Industriais:** Princípios e Aplicações. 1. ed. São Paulo: Érica, 2011.

FU, W.; LU, Q. Multiobjective Optimal Control of FOPID Controller for Hydraulic Turbine Governing Systems Based on Reinforced Multiobjective Harris Hawks

Optimization Coupling with Hybrid Strategies. **Complexity**, [S. l.], v. 2020, p. 17, 2020.

GARCIA, C. **Controle de Processos Industriais – volume 1:** Estratégias Convencionais. São Paulo: Blucher, 2017.

GOODNESSOFFIT. **Mathworks**, c1994-2023. Disponível em: https://www.mathworks.com/help/ident/ref/goodnessoffit.html. Acesso em: 20 dez. 2020.

GRANDI, L. G. **Comparação entre controladores PID e FOPID baseada em novo método de ajuste.** 2018. Trabalho de Graduação (Engenharia Química) – Universidade Federal do Rio Grande do Sul, Porto Alegre, 2018.

MADEIRA, D. Índices de desempenho de algoritmos genéticos para sintonia de controladores PID. **Embarcados**, 30 ago. 2016. Disponível em: https://www.embarcados.com.br/desempenho-de-algoritmos-geneticos-pid/. Acesso em: 18 dez. 2020.

MATIGNON, D. Generalized fractional differential and difference equations: Stability properties and modeling issues. *In:* MATH: THEORY OF NETWORKS AND SYSTEMS SYMPOSIUM. **Proceedings...** Padova: Il Poligrafo, 1998. p. 503–506.

MESQUITA, M. S. **Técnicas de controle e comparação de desempenho de uma malha de vazão usando válvulas pneumáticas e motobomba acionada por inversor de frequência.** 2020. Dissertação (Mestrado em Ciências) – Escola Politécnica da USP, São Paulo, 2020.

MESQUITA, M. S.; RIOS, M. A. A.; DESVAGES, H. P. M. **Manual da Planta de Vazão v3.2.** São Paulo: Universidade de São Paulo, 2018.

MORA, J. A. A. **Modelagem e simulação de planta-piloto de vazão.** Dissertação (Mestrado em Ciências) – Escola Politécnica da USP, USP, São Paulo, 2014.

NI. Low-Cost M Series Multifunction Data Acquisition. **Datasheet Manual.** 2014.

PETRY, A. C. **Apostilas de Filtros.** 2010. Disponível em: https://www.professorpetry.com.br/Ensino/Repositorio/Docencia_CEFET/PI-1/2010_1/Filtros.pdf. Acesso em: 19 dez. 2020.

PODLUBNY, I. Fractional-order systems and $PI^{\lambda}D^{\mu}$ controllers. **IEEE Transactions on Automatic Control**, [S. l.], v. 44, n. 1, p. 208–214, 1999.

SENOL, B.; DEMIROGLU, U. Frequency frame approach on loop shaping of first order plus time delay systems using fractional order PI controller. **ISA Transactions**, [S. l.], v. 86, p. 192-200, 2019.

SICK. **Incremental Encoders DFS60:** online data sheet. 2016.

SKOGESTAD, S.; POSTLETHWAITE, I. **Multivariable Feedback Control:** analysis and design. [S. l.]: John Wiley & Sons, 1996.

OGATA, K. **Engenharia de Controle Moderno**. 5. ed. São Paulo: Pearson, 2010.

TEJADO, I.; VINAGRE, B. M.; TRAVER, J. E.; ARRAZ, J. P.; GALLARDO, C. N. Back to the basic: Meaning of the parameters of Fractional Order PID Controllers. **MDPI Mathematics,** [S. l.], p. 1-16, 2019.

TEPLJAKOV, A. **Fractional-order Calculus based identification and control of linear dynamic systems**. 2011. Master Thesis – Tallinn University of Technology, Tallinn, 2011.

TEPLJAKOV, A.; PETLENKOV, E.; BELIKOV, J.; FINAJEV, J. Fractional-order controller design and digital implementation using FOMCON toolbox for MATLAB. **Estonian Doctoral School in Information and Communication Technology,** [S. l.], p. 12, 2011.

TEPLJAKOV, A.; PETLENKOV, E.; BELIKOV, J.; FINAJEV, J. Fractional-order controller design and digital implementation using FOMCON toolbox for MATLAB. *In:* IEEE CONFERENCE ON COMPUTER AIDED CONTROL SYSTEM DESIGN (CACSD). **Proceedings...** Hyderabad: [s. n.], 2013. p. 340-345.

VALÉRIO, D. **Fractional robust system control**. 2005. Tese (PhD) – Instituto Superior Técnico, Universidade Técnica de Lisboa, Lisboa, 2005.

VALÉRIO, D.; COSTA, J. S. Tuning of fractional PID controllers with Ziegler–Nichols-type rules. **Signal Processing,** [S. l.], v. 86, n 10, p. 2771–2784, 2006.

VINAGRE, B. M.; MONJE, C. A.; CALDERÓN, A. J.; SUAREZ, J. I. Fractional PID controllers for industry application. A brief introduction. **Journal of Vibration and Control.,** [S. l.], v. 13, n. 9-10, p. 1419-1429, 2007.

WHAT are Valve Positioners? Publicado pelo canal Fisher Valves & Instruments. 2018. 1 vídeo, 3 min. Disponível em: https://www.youtube.com/watch?v=dNq4H9WfrfE. Acesso em: 13 dez. 2020.

ZIEGLER, J. G.; NICHOLS, N. B. Optimum settings for Automatic controllers. **Transactions of ASME,** [S. l.], v. 64, p. 759–768, 1942.

APÊNDICE A

DIAGRAMA P&ID DA PLANTA-PILOTO DE VAZÃO

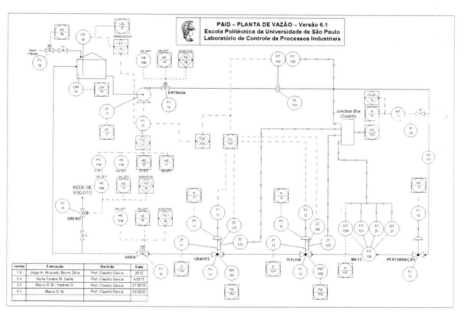

Fonte: Mesquita, 2020

ANEXO A

CÁLCULO DOS ÍNDICES DE DESEMPENHO

%%%%%%%%%%%%%%%%%%%%SERVO%%%%%%%%%%%%%%%%%%%%%%%%%%%%%%

erro_ISE = trapz(ERRO_01.Time(501:5001),ERRO_01.Data(501:5001).^2)
erro_IAE = trapz(ERRO_01.Time(501:5001),abs(ERRO_01.Data(501:5001)))
erro_ITAE= trapz(ERRO_01.Time(501:5001),ERRO_01.Time(501:5001).*abs(ERRO_01.Data(501:5001)))
erro_ITSE= trapz(ERRO_01.Time(501:5001),ERRO_01.Time(501:5001).*((ERRO_01.Data(501:5001).^2)))
erro_IAU= trapz(MV_01.Time(501:5001),abs(MV_01.Data(501:5001)))
Variabilidade=(2*std(ERRO_01.Data(501:5001)))/(mean(PV_BTW_01.Data(501:5001)))

%%%%%%%%%%%%%%%%%%%%REGULATÓRIO%%%%%%%%%%%%%%%%%%%%%%

erro_ISE= trapz(ERRO_01.Time(501:4001),ERRO_01.Data(501:4001).^2)
erro_IAE= trapz(ERRO_01.Time(501:4001),abs(ERRO_01.Data(501:4001)))
erro_ITAE= trapz(ERRO_01.Time(501:4001),ERRO_01.Time(501:4001).*abs(ERRO_01.Data(501:4001)))
erro_ITSE= trapz(ERRO_01.Time(501:4001),ERRO_01.Time(501:4001).*((ERRO_01.Data(501:4001).^2)))
erro_IAU= trapz(MV_01.Time(501:4001),abs(MV_01.Data(501:4001)))
Variabilidade=(2*std(ERRO_01.Data(501:4001)))/(mean(PV_BTW_01.Data(501:4001)))

ANEXO B

CÁLCULO PARA O MÉTODO ANALÍTICO DE SENOL E DEMIROGLU PARA CONTROLADORES FOPI

%*********Cálculo do método de sintonia de Senol e Demiroglu**************%

%******************VARIÁVEIS PARA O CÁLCULO*******************%

GM=-27.2959; %CONFORME EQUAÇÃO 27 DA PÁGINA 6 DO PAPER
PM=50; %CONFORME EQUAÇÃO 27 DA PÁGINA 6 DO PAPER
Wpc=150; %CONFORME EQUAÇÃO 27 DA PÁGINA 6 DO PAPER
Wgc=10; %CONFORME EQUAÇÃO 27 DA PÁGINA 6 DO PAPER
T=0.4; %CONFORME EQUAÇÃO 27 DA PÁGINA 6 DO PAPER
K=1; %CONFORME EQUAÇÃO 27 DA PÁGINA 6 DO PAPER
L=0.01; %CONFORME EQUAÇÃO 27 DA PÁGINA 6 DO PAPER
LAMBDA=0.2:0.01:2;%APENAS QUERO ENCONTRAR UM PONTO PARA VERIFICAR SE ESTÁ CERTO, SENDO LAMBDA = 2, 10^GM/20~-0.6 CONFORME FIGURA 4 DO PAPER.
LAMBDA_TUNE=0.963957;

%***********************CÁLCULOS PARA ENCONTRAR OS ÂNGULOS FIs*******%
FI1= deg2rad(PM) - pi + atan(T*Wgc) + (L*Wgc); % EQUAÇÃO 10 DO PA 'ER
FI2= -(pi) + atan(T*Wpc) + (L*Wpc); %EQUAÇÃO 24 DO PAPER

%*******Encontra valores de 10^GM/20 PARA PLOTAR OS GRÁFICOS**************%

%*****************KP

A=(sqrt((1+((T^2)*(Wgc^2))))/(K*(sqrt(1+(tan(FI1)^2))))); %PRIMEIRA PARTE DA EQUAÇÃO 8 DO PAPER

B=(((sqrt(1+((T^2)*(Wgc^2))))*(cot((((pi)*LAMBDA/2))))*(tan(FI1)))/(K*sqrt(1+((tan(FI1))^2)))); %SEGUNDA PARTE DA EQUAÇÃO 8 DO PAPER

C=sqrt(1+((T^2)*(Wpc^2)))/(K*sqrt(1+(tan(FI2)^2))); %PRIMEIRA PARTE DA EQUAÇÃO 22 DO PAPER

D=(sqrt(1+((T^2)*Wpc^2))*cot((pi)*LAMBDA/2))*(tan(FI2))/(K*sqrt(1+((tan(FI2))^2))); % SEGUNDA PARTE DA EQUAÇÃO 22 DO PAPER

lineKP=(A+B)./(C+D); % AQUI DEVERIA ENCONTRAR O VALOR EM TORNO DE 0.6, PARA LAMBDA=2, CONFORME FIGURA 4 - LINHA VERMELHA DO PAPER

GM_CalcKP=20*(log10(lineKP));

%*****************KI

E=(((Wgc.^LAMBDA).*(sqrt(1+((T^2).*(Wgc^2)))).*(csc((((pi).*LAMBDA/2)))).*(tan(FI1)))./(K*sqrt(1+((tan(FI1))^2))));

F=((Wpc.^LAMBDA).*(sqrt(1+((T^2).*(Wpc^2)))).*(csc((((pi).*LAMBDA/2)))).*(tan(FI2)))./(K*sqrt(1+((tan(FI2))^2))));

lineKI=E./F;

GM_CalcKI=20*(log10(lineKI));

plot(LAMBDA,lineKP,'r',LAMBDA,lineKI,'b');
legend ('Kp resposta','KI resposta');
title('Valor de LAMBDA conforme exemplo Senol e Demiroglu');

%***********************CÁLCULO DE KP E KI*****************************%

KP=(sqrt((1+((T^2)*(Wgc^2))))/(K*(sqrt(1+(tan(FI1)^2))))) + (((sqrt(1+((T^2)*(Wgc^2))))*(cot((((pi)*LAMBDA_TUNE/2))))*(tan(FI1)))/(K*sqrt(1+((tan(FI1))^2))));

KI_Wgc=(((Wgc^LAMBDA_TUNE)*(sqrt(1+((T^2)*(Wgc^2))))*(csc((((pi)*LAMBDA_TUNE/2))))*(tan(FI1)))/(K*sqrt(1+((tan(FI1))^2))));

%*****************Calculo de GM Unitário - Para encontrar o melhor valor

%para KI

G=(((Wgc^LAMBDA_TUNE)*(sqrt(1+((T^2)*(Wgc^2))))*(csc((((pi)*LAMBDA_TUNE/2))))*(tan(FI1)))/(K*sqrt(1+((tan(FI1))^2))));

H=(((Wpc^LAMBDA_TUNE)*(sqrt(1+((T^2)*(Wpc^2))))*(csc((((pi)*LAMBDA_TUNE/2))))*(tan(FI2)))/(K*sqrt(1+((tan(FI2))^2))));

KI_GM=G/H;

GM_Calculado=20*(log10(KI_GM));

KI_Wpc=((((10^(GM_Calculado/20))*(Wpc^LAMBDA_TUNE))*(sqrt(1+((T^2)*(Wpc^2))))*(csc((((pi)*LAMBDA_TUNE/2))))*(tan(FI2)))/(K*sqrt(1+((tan(FI2))^2))));